1. 母种转接原种（俩人配合）　　2. 预湿原料　　3. 装袋机装袋　　4. 料袋装锅灭菌

5. 拌料装袋场所

1. 常压蒸汽湿热灭菌

2. 接种

3. 排袋

4. 刺孔"放气"

5. 菌袋墙式堆码发菌

6. 菌袋井字形堆码发菌

1. 菌落直径 8 厘米左右
2. 不脱袋的菌袋注水
3. 转色后脱袋
4. 脱袋的菌棒注水
5. 种块萌发新菌丝吃料
6. 菇蕾形成

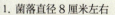

1. 石灰水涂刷段木切断面
2. 段木打孔（打出的孔洞）
3. 段木井字形稀疏堆码直接出菇
4. 段木人字形架木出菇
5. 段木花菇
6. 竹架塑料出菇棚（菌棒平放于竹架上出菇）

# 香菇
# 优质生产技术

XIANGGU YOUZHI SHENGCHAN JISHU

谭 伟 主编

中国科学技术出版社

·北 京·

**图书在版编目（CIP）数据**

香菇优质生产技术 / 谭伟主编 . —北京：
中国科学技术出版社，2017.6
ISBN 978-7-5046-7488-3

Ⅰ. ①香… Ⅱ. ①谭… Ⅲ. ①香菇—蔬菜园艺
Ⅳ. ① S646.1

中国版本图书馆 CIP 数据核字（2017）第 094850 号

| | |
|---|---|
| 策划编辑 | 张海莲　乌日娜 |
| 责任编辑 | 张海莲　乌日娜 |
| 装帧设计 | 中文天地 |
| 责任校对 | 焦　宁 |
| 责任印制 | 徐　飞 |

| | |
|---|---|
| 出　　版 | 中国科学技术出版社 |
| 发　　行 | 中国科学技术出版社发行部 |
| 地　　址 | 北京市海淀区中关村南大街16号 |
| 邮　　编 | 100081 |
| 发行电话 | 010-62173865 |
| 传　　真 | 010-62173081 |
| 网　　址 | http://www.cspbooks.com.cn |

| | |
|---|---|
| 开　　本 | 889mm×1194mm　1/32 |
| 字　　数 | 130千字 |
| 印　　张 | 5.75 |
| 彩　　页 | 4 |
| 版　　次 | 2017年6月第1版 |
| 印　　次 | 2017年6月第1次印刷 |
| 印　　刷 | 北京威远印刷有限公司 |
| 书　　号 | ISBN 978-7-5046-7488-3 / S·641 |
| 定　　价 | 20.00元 |

# 本书编委会

## 主 编
谭　伟

## 副主编
赵树海　周　洁

## 编著者

| 谭　伟 | 赵树海 | 周　洁 | 苗人云 |
|---|---|---|---|
| 曹雪莲 | 李淑清 | 甘炳成 | 彭卫红 |
| 黄忠乾 | 王　勇 | 刘如县 | 邹长满 |
| 黎金龙 | 卿代勇 | 李远江 | 李小林 |
| | 张　波 | | |

# $P$reface 前言

香菇富含蛋白质、氨基酸、维生素和微量元素等，是一类营养健康食品，深受世界各国尤其是亚洲人民的喜爱，常常以高档蔬菜进行消费食用。市场上的香菇产品通常有鲜菇和干菇。据中国食用菌协会统计，2013 年全国香菇产量为 7 103 175 吨，占全国食用菌总产量（31 696 849.9 吨）的 22.4%，为第一大食用菌种类。种植香菇已经成为各地农村农民增加经济收入的重要途径之一。

我国香菇生产目前多在农村以农户生产为主，具有分散、单户生产规模较小，栽培技术参差不齐，多数菇农凭经验栽培、操作不规范等特点。不少种菇农户出菇菇体质量较差或者产量不稳定，产品商品性低，这是由于没有从本质上掌握香菇生产关键技术和基本环节所致；一些种菇农户生产出的菇体经检测农药和重金属超标，这是因为没有按照安全生产规范进行作业，没有选择适宜栽培原材料和滥用农药所致。香菇产量不高不稳和产品质量存在安全隐患，严重影响了经济效益和菇农的生产积极性。

笔者根据先进科研成果和生产实际经验，根据食用菌行业生产技术最新标准，结合国家、地方农产品相关技术规程和质量要求，查阅参考大量相关科技文献，编写了《香菇优质生产技术》一书。全书以香菇标准化生产为特色，介绍了香菇生物学特性与栽培区域、生产设施与设备、优良品种、菌种生产、段木栽培技术、代料栽培技术、采收与加工、病虫鼠害安全防控等。目的是为广大菇农提供香菇优质高产生产技术，为基层技术人员指导农户高效生产香菇提供规范性技术指南。为便于本书内容在业界广泛交流，所使用的专业术语统一采用《GB/T 12728—2006 食用菌术语》中的规范术语，并在该术语后括弧内加以注释或补充说明，极力推广规范性标准术语的应用；与此同时，为了增强通俗性，还用菇农常用土语加以表述，浅显易懂。为了增强本书的实用性和可操作性，特别邀请了部分涉及食用菌产业的科技人员和食用菌主产地，尤其是食用菌产业科技示范县职能管理部门的基层农业技术示范推广人员参与编写。

在本书编写和出版过程中，得到了四川省农业厅国家现代农业产业技术体系四川食用菌创新团队和四川省农业科学院土壤肥料研究所有关领导、专家和同仁们的指导和协助；四川省食用菌科技示范县的食用菌企业、专业合作社和家庭农场等积极提供生产现场照片；同时书中参考了国内外多位食用菌专家的科技成果和论文，在此一并致谢！

因水平和能力所限，书中难免有错误和疏漏之处，敬请广大读者和同行专家批评指正！

四川省农业科学院土壤肥料研究所　谭　伟

# $\mathcal{C}$ontents 目 录

**第一章　香菇的生物学特性与栽培区域** ………………………………1

　一、生物学特性 ………………………………………………………1

　　（一）分类与形态 …………………………………………………1

　　（二）生态习性 ……………………………………………………2

　　（三）生活条件 ……………………………………………………3

　二、栽培区划分 ……………………………………………………12

　　（一）温带针阔叶混交林栽培区 ………………………………12

　　（二）暖温带落叶阔叶林栽培区 ………………………………12

　　（三）亚热带常绿阔叶林带栽培区 ……………………………13

　　（四）热带季雨林栽培区 ………………………………………14

**第二章　香菇的生产设施与设备** ……………………………………15

　一、建筑设施 ………………………………………………………15

　　（一）晒场与库房 ………………………………………………15

　　（二）配料分装室 ………………………………………………16

　　（三）灭菌室 ……………………………………………………16

　　（四）冷却室 ……………………………………………………16

　　（五）接种室 ……………………………………………………17

　　（六）发菌室 ……………………………………………………17

　　（七）菇房 ………………………………………………………18

（八）检验室 ……………………………………………… 18

（九）产品包装室 ………………………………………… 18

（十）产品贮藏室 ………………………………………… 18

二、机械设备 ……………………………………………… 19

（一）原料粉碎机械 ……………………………………… 19

（二）培养料制备机械 …………………………………… 20

（三）培养料灭菌设备 …………………………………… 20

（四）接种设备与器具 …………………………………… 22

（五）培养、栽培机具与设备 …………………………… 22

三、用具用品 ……………………………………………… 24

（一）接种工具 …………………………………………… 24

（二）其他用品 …………………………………………… 24

第三章　香菇优良品种 …………………………………… 25

一、品种相关术语 ………………………………………… 25

（一）术语的概念、特征和意义 ………………………… 25

（二）术语之间的关系 …………………………………… 27

二、优良品种介绍 ………………………………………… 28

（一）Cr-02 ……………………………………………… 28

（二）L135 ………………………………………………… 29

（三）闽丰1号 …………………………………………… 31

（四）Cr-62 ……………………………………………… 32

（五）Cr-04 ……………………………………………… 33

（六）庆元9015 ………………………………………… 34

（七）241-4 ……………………………………………… 35

（八）武香1号 …………………………………………… 36

（九）赣香1号 …………………………………………… 37

（十）金地香菇 …………………………………………… 38

（十一）森源1号 ………………………………………… 39

（十二）森源 10 号 ……………………………………40

（十三）森源 8404 ………………………………………42

（十四）香九 …………………………………………………42

（十五）杂香 26 号 …………………………………………43

（十六）华香 8 号 …………………………………………44

（十七）华香 5 号 …………………………………………45

（十八）L952 ………………………………………………46

（十九）菌兴 8 号 …………………………………………48

（二十）L9319 ……………………………………………49

（二十一）L808 ……………………………………………52

（二十二）申香 15 号 ……………………………………53

（二十三）申香 16 号 ……………………………………54

（二十四）庆科 20 …………………………………………55

（二十五）农香 2 号 ………………………………………57

第四章　香菇菌种生产 …………………………………………59

一、流程与原理 …………………………………………………60

（一）生产流程 …………………………………………………60

（二）技术原理 …………………………………………………60

二、计划与人员 …………………………………………………62

（一）菌种生产经营计划 ……………………………………62

（二）菌种生产人员要求 ……………………………………63

三、种源与引种 …………………………………………………63

（一）扩繁菌种种源 …………………………………………63

（二）先试种后扩繁 …………………………………………64

四、母种生产 ……………………………………………………65

（一）培养基配制 ……………………………………………65

（二）母种扩繁 ………………………………………………70

（三）母种质量要求 …………………………………………73

（四）标识与包装 ……………………………………… 74

（五）保留样品 ………………………………………… 75

（六）运输与贮存 ……………………………………… 75

五、原种生产 …………………………………………… 75

（一）培养基配制 ……………………………………… 75

（二）扩繁培养 ………………………………………… 79

（三）原种质量 ………………………………………… 81

（四）标识与包装 ……………………………………… 82

（五）运输与贮存 ……………………………………… 83

六、栽培种生产 ………………………………………… 83

七、菌种生产常见问题与预防措施 …………………… 84

第五章　香菇段木栽培技术 …………………………… 86

一、季节安排 …………………………………………… 86

（一）秋冬季播种 ……………………………………… 87

（二）冬季播种 ………………………………………… 87

（三）春夏季播种 ……………………………………… 87

二、段木准备 …………………………………………… 87

（一）选择菇树 ………………………………………… 87

（二）适时砍树 ………………………………………… 88

（三）适干原木 ………………………………………… 88

（四）剔枝截断 ………………………………………… 89

三、人工接种 …………………………………………… 89

（一）菌种要求 ………………………………………… 89

（二）打孔器 …………………………………………… 90

（三）接种方法 ………………………………………… 90

四、发菌管理 …………………………………………… 91

（一）发菌场地 ………………………………………… 92

（二）成活期管理 …………………………………………92

（三）培养期管理 …………………………………………94

五、出菇管理 …………………………………………………97

（一）出菇场地 ……………………………………………97

（二）管理措施 ……………………………………………98

## 第六章　香菇代料袋栽技术 ……………………………104

一、栽培季节 …………………………………………………104

二、原材料准备 ………………………………………………106

（一）栽培原料 ……………………………………………106

（二）其他材料 ……………………………………………107

三、菌袋生产 …………………………………………………108

（一）配料 …………………………………………………109

（二）拌料 …………………………………………………109

（三）装袋 …………………………………………………109

（四）灭菌 …………………………………………………111

（.五）接种 …………………………………………………112

四、发菌管理 …………………………………………………114

（一）发菌场所与码袋 ……………………………………114

（二）调控温湿度 …………………………………………115

（三）避光培养 ……………………………………………115

（四）氧气供应 ……………………………………………116

（五）勤查常管 ……………………………………………118

五、出菇管理 …………………………………………………121

（一）出菇场准备 …………………………………………121

（二）排袋转色 ……………………………………………122

（三）催生菇蕾 ……………………………………………124

（四）出菇管理 ……………………………………………126

**第七章　香菇采收与加工** 131

一、适时采收 131

（一）采收标准 131

（二）采摘方法 132

（三）盛菇用具 133

二、保鲜与加工 133

（一）贮藏保鲜 133

（二）干品加工 134

（三）其他产品加工 136

三、香菇产品质量 137

（一）产品分类 137

（二）产品质量 137

（三）包装与贮运 142

**第八章　香菇病虫鼠害及防控** 144

一、病害及防控措施 144

（一）病害的概念及类型 144

（二）病害发生原因 145

（三）病害防控措施 146

二、虫害及防控措施 146

（一）虫害的概念 146

（二）虫害发生原因 147

（三）虫害防控措施 147

三、鼠害及预防措施 148

（一）鼠害的概念 148

（二）鼠害发生原因 148

（三）鼠害防控措施 149

四、病虫鼠害综合防控措施 ················149
　（一）生态调控 ·······················150
　（二）理化诱控 ·······················151
　（三）科学用药 ·······················152

附　录 ····································158

参考文献 ··································164

# 第一章

# 香菇的生物学特性与栽培区域

## 一、生物学特性

### （一）分类与形态

**1. 分类地位**　香菇隶属于真菌门（Eumycota）、真担子菌纲（Eubasidiomycetes）、伞菌目（Agaricales）、侧耳科（Pleurotaceae）、香菇属（Lentinus），拉丁学名为 *Lentinula edodes*（Berk.）Sing.。

**2. 形态特征**　香菇由菌丝体和子实体两大部分组成。

**（1）菌丝体**　香菇的菌丝体是指生长在基质上的丝状物，是菌丝的集合体。菌丝由担孢子萌发而成，白色，茸毛状，有横隔和分枝。菌丝相互结合，不断生长发育，集结成白色蜘蛛网状的菌丝体。菌丝体是香菇的营养器官或无性繁殖器官，相当于植物生长于土壤中的根系，起着分解基质和输送养分水分的作用，以供给自身生长发育的需要。菌丝体生长发育到一定阶段，在基质表面形成子实体。

香菇的次生菌丝体在马铃薯葡萄糖琼脂培养基上生长形成菌落（菌落指在固体培养基上形成的单个生物群体），呈现白色茸毛状，多贴生于基质上。

**（2）子实体**　香菇的子实体是其菌丝体生长到一定数量后遇到适宜的温、光、水、气环境条件，分化出的特化结构，是香菇的繁殖器官，由菌盖、菌褶、菌柄3部分组成。香菇的子实体类似于植株的地上部分，菌柄相当于植株的茎秆，起着支持菌盖和向菌盖输送养分、水分的作用；菌盖相对于植株的树冠枝桠，有产生孢子、繁衍后代的功能，其孢子类似于植物的种子；菌褶上产生孢子。

菌盖位于子实体顶端，圆形或椭圆形，菌盖边缘初期内卷，后平展，过分成熟后向上反卷；菌盖表面颜色随菌龄大小、受光强弱、营养好坏而有差异，一般成熟的香菇多为茶褐色，上有浅色鳞片，有时还产生龟甲状或菊花状裂纹。菌肉肥厚，白色。一般菌盖直径3～5厘米，幼时边缘有浅褐色茸毛状内菌幕，随着子实体成熟，菌幕逐渐消失。菌盖背面或菌幕内着生菌褶，菌褶呈刀片状，密集，白色，宽3～4毫米，以柄为圆心向四周呈辐射状排列，菌褶上着生卵圆形的担孢子，在高倍显微镜下才能观察到。

## （二）生态习性

**1. 自然分布**　香菇在自然界主要分布于北半球的温带到亚热带地区。野生香菇主要分布于中国、日本、朝鲜半岛、俄罗斯远东地区萨哈林群岛、菲律宾、印度尼西亚、巴布亚—新几内亚、越南、老挝、泰国、婆罗门州、马来西亚、尼泊尔、克什米尔地区和新西兰、中南美等国家和地区。目前，欧美许多国家也已引种香菇进行人工栽培。

野生香菇在我国东北地区的辽宁、吉林，华东地区的安徽、浙江、江西、福建、台湾，华中地区的湖南、湖北，西南地区的云南、贵州、四川，华南地区的广西、广东、海南，西北地区的陕西等地均有分布。

**2. 生态习性**　香菇的生态习性是指香菇长期以来在自然环境中所形成的适应性。

**（1）木腐菌**　香菇没有叶绿素，不能进行光合作用，靠分解木材中的木质素、纤维素、半纤维素、有机氮等吸收其营养物质，即营腐生生活方式，使木材腐朽。香菇菌丝在失去生命力、枯死的木材内生长，不能在活树上生长。野生香菇主要生长在壳斗科、鹅耳枥科、金缕梅科等 200 多种阔叶树林或常绿阔叶树林中的枯枝、风倒木、雪压木上。人工栽培香菇使用的适宜树种只有 20 多种。

（2）**喜酸性** 香菇菌丝在分解木材的过程中所产生的代谢产物草酸、柠檬酸等有机酸，使木材中的酸碱度（pH 值）变为 3.8～4.2，有利于菌丝生长和子实体发育，具有喜好酸性环境的习性。

（3）**好氧性** 香菇菌丝生长和子实体发育均需要氧气供应，具有喜好氧气的习性。若木材或栽培基质中氧气不足，则菌丝生长不良。如刚刚砍下的鲜木材含水量太高、木材孔隙中氧气太少，或者栽培基质水分含量太高，基质中氧气也会不足，菌丝就不能生长或生长非常缓慢。

（4）**喜光性** 在树林中采集野生香菇时不难发现，香菇一般长在有一定光照的腐木上，在完全黑暗处不易找到香菇子实体，这说明香菇出菇具有一定的喜光性。人工栽培香菇出菇时需要营造出散射光刺激，才能促进香菇子实体原基分化，这就是利用了香菇的喜光习性。

## （三）生活条件

香菇的生活条件包括营养、水分（湿度）、温度、空气、光照和酸碱度等。在实际栽培过程中，人为地创造有利的生活条件，满足香菇正常生长发育需求，就会获得香菇的高产和优质。

**1. 营养** 营养为香菇生命活动提供能源，是产生子实体的物质基础。没有足够的营养不能形成子实体，丰富的营养是香菇优质高产的根本保证。

香菇的营养是指香菇机体摄取食物的过程。香菇的食物即营养物质，为植物有机体，如木材、木屑和作物秸秆等。香菇生活的营养物质有碳源、氮源、矿质元素和维生素等。其中，碳源和氮源是香菇生长发育中需要量最大的营养物质，香菇靠分解和吸收这些物质中对自身有益的成分构建组织器官、调节各种生理功能，维持正常的生长发育。

（1）**碳源** 碳源指含碳素（C）的化合物，是香菇最重要和最主要的营养物质，是构成细胞结构的物质，并为细胞生长发育提供所需能量。

香菇菌丝可利用多种碳源：单糖类、双糖类和多糖类。最易吸收利用葡萄糖和果糖等单糖类，其次是麦芽糖和蔗糖等双糖类，再次是淀粉。菌丝分泌出各种酶（酶指具有生物催化功能的高分子物质，多为蛋白质），将木质素、纤维素和半纤维素等大分子物质分解成小分子化合物后才加以吸收利用。菌丝也能吸收利用烃类化合物、乙醇、甘油等，而不能利用大多数有机酸中的碳源。在香菇的制种和栽培中常以马铃薯、阔叶树木材（如段木栽培）和木屑（如代料栽培）作为碳源物质。

制备天然培养基常用的碳源有玉米粉或可溶性淀粉、酵母浸膏、麦芽浸膏等。栽培香菇的培养料主要为常用阔叶树木材和木屑等，其中木质素、纤维素和半纤维素等可被香菇分解和利用。

（2）**氮源** 氮源指含氮素（N）的化合物，也是香菇重要的营养物质，是合成菌体蛋白质、核酸及酶类的主要成分。

香菇菌丝可利用蛋白胨、L-氨基酸、尿素和铵态氮（如硫酸铵）等有机氮，能利用氨基酸中的天门冬氨酸、天门冬酰胺、谷氨酸和谷氨酰胺；不能利用氨基酸中的组氨酸和赖氨酸等，也不能利用硝态氮和亚硝态氮。

香菇菌丝直接吸收利用氨基酸和尿素等小分子有机氮源；对蛋白质、蛋白胨等大分子的有机氮需经菌丝分泌出胞外酶，通过酶将其降解成小分子的氮源才能吸收和利用。一般来说，香菇菌丝生长阶段要求基质的含氮量以 0.016%～0.064% 为宜，含氮量低于 0.016% 时，菌丝生长受阻；子实体发育阶段要求基质中的含氮量以 0.016%～0.032% 为宜，含氮量过高会导致菌丝徒长，抑制子实体的形成而不易结菇，或推迟发育而不易长菇。在香菇的制种和栽培中常以麦麸和米糠等作为氮源物质。

碳氮比：氮、磷、钾是植物的主要营养要素，进行水稻和小麦等作物栽培时要求土壤中氮、磷、钾的含量要有合适的比例，作物营养得以平衡，才能获得作物的优质高产。同样道理，碳和氮是香菇的主要营养要素，进行香菇栽培时要求培养料中的碳素和氮素营养源含量也要有一定的比例，才能获得香菇的优质高产，这个比例通常称为碳氮比。

碳氮比是指培养料中碳与氮的含量比，常用英文缩写"C/N"表示，是香菇菌丝生长和子实体发育中的一个重要指标。一般来说，香菇菌丝体生长阶段要求培养料的碳氮比约为25:1，子实体生长阶段要求培养料的碳氮比为30～40:1。栽培料配方筛选试验通常是在进行栽培主料比例之间的数量搭配，其实质是筛选到菌丝体生长适宜的碳氮比。

在大面积生产中，所使用的香菇培养料配方是根据各种原材料的营养成分（表1-1）和香菇对营养成分所需求的碳氮比，分别计算出各种原料的用量和比例。

表1-1 几种主要培养原料的碳、氮含量 （%）

| 种 类 | 杂木屑 | 棉籽壳 | 甘蔗渣 | 芦 苇 | 麦 麸 | 米 糠 |
|---|---|---|---|---|---|---|
| 碳 | 75.8 | 64.4 | 78.4 | 73.4 | 69.9 | 49.7 |
| 氮 | 0.39 | 17.6 | 2.54 | 3.19 | 11.4 | 11.8 |

例如，计划要配制总量100千克的培养料，其中杂木屑78千克，要求培养料的碳氮比为25:1，设需添加麦麸为X千克，由表1-1得知杂木屑的含碳量为75.8%、含氮量为0.39%，麦麸的含碳量为69.9%、含氮量为11.4%，则按下列公式可计算出添加麦麸量约为21千克。

（杂木屑含碳量＋麦麸含碳量）÷（杂木屑含氮量＋麦麸含氮

量）＝25∶1

（78千克×75.8%＋X千克×49.7%）÷（78千克×0.39%＋X千克×11.4%）＝25∶1

X＝21.8950276千克≈22千克

"782011"培养基中的杂木屑为78%、麦麸为20%。22千克只是与20千克接近。由于香菇对木屑碳源中的某些结构和种类难以利用，可同化的碳源不可能达到75.8%，所以在实际生产中按杂木屑78%、麦麸20%的比例就可达到碳氮比25∶1。

**（3）矿质元素**　矿质元素是指除了碳、氮元素以外，香菇生长发育所不可缺少的矿物质（又称无机盐）中的营养元素，如磷、硫、钙、镁、钾等，主要起到调节细胞渗透压、维持细胞质平衡、参与酶活动等作用，以保证新陈代谢的正常进行。

香菇对钙、镁、钾、磷和硫等矿质元素需要量较大，称之为大量元素；对铁、钴、锰、锌、钼和硼等矿质元素需求量较小，称之为微量元素。实际生产中可在栽培料中加入磷酸二氢钾、硫酸镁和石膏等来满足香菇对大量元素的需求。而微量元素在栽培料和水中已有的含量即可满足香菇生长发育需求，一般无须添加，实在想添加可以酌量加入硫酸锌和硼酸等。

**（4）维生素**　维生素是生物生长和代谢所必需的微量有机物，可以刺激和调节香菇生长。香菇自身不能合成维生素 $B_1$。适宜香菇菌丝生长的维生素 $B_1$ 浓度大约为 100 微克/升。在米糠和麦麸中含有大量维生素 $B_1$，在木屑、棉籽壳等培养料中添加米糠和麦麸辅料，有提供维生素 $B_1$ 的作用。

**2. 水分和湿度**　水是香菇生命活动的物质基础，是参与营养吸收和物质代谢必不可少的物质。香菇所需的营养物质必须溶于水中才能被运送到各个部位，为菌丝细胞所吸收利用；没有水，香菇的生命活动就会终止。香菇属喜湿性菌类，所需水分主要来自培养料及潮湿空气，在菌丝体生长阶段和子实体发育阶段对培养料含水量和空气相对湿度的要求有所不同。

**（1）菌丝体生长阶段**

①培养料含水量　香菇菌丝体生长在木屑为主料的培养料中，适宜的含水量为60%～65%，因木屑的种类和粗细而异；在段木中适宜含水量为32%～40%。培养料或段木中含水量过高，料内孔隙被大量水分填充，空气进入少，氧气量也就少，菌丝生长因得不到足够氧气而受到抑制；含水量过低，水分供应不够，满足不了菌丝生长对水分的需求量而不能正常进行生理代谢活动，菌丝生长就会细弱，影响子实体的形成和发育。因此，配制香菇培养料时，加水量应该合理控制，保证培养料有适宜含水量，以满足香菇菌丝正常生长。

②空气相对湿度　空气相对湿度是指空气中的绝对湿度与同温度下的饱和绝对湿度的比值，常用英文"RH"表示，是衡量香菇生长发育环境中水分多少的尺度，通过温湿度计或温湿记录仪可测出空气相对湿度的高低。

香菇菌丝体生长（发菌）时要求环境空气相对湿度在60%～70%为宜。空气过分干燥、发菌环境湿度低于60%时，会加快培养料水分蒸发而降低培养料含水量，影响菌丝正常生长和子实体形成；空气过分潮湿、发菌环境湿度高于70%时，培养料易吸水，菌丝生长受到抑制，而且很易滋生杂菌。

**（2）子实体发育阶段**　香菇子实体分化和发育时比菌丝体生长时需要更高的环境湿度，要求培养料含水量以52%～60%、空气相对湿度80%～90%为宜。若基质含水量和环境湿度太低，则菌丝体因失水而干枯甚至死亡，无法分化出子实体原基；已经分化的原基也会枯萎。若出菇环境长期处于空气相对湿度95%～100%的高湿状态，则会影响子实体表面水分蒸腾，转运营养物质和细胞原生质流动受阻，菇体发育停止，菌盖变色腐烂；同时，极易导致病害发生。实际生产中对菇木浸水和菌棒注水就是增加基质含水量的技术措施。

**3. 温度** 环境温度是影响香菇生长发育的最活跃、最重要的条件，本质上是影响到细胞生理代谢。香菇属低温型变温结实性菌类，其孢子萌发、菌丝生长、原基分化与子实体发育对温度的要求均有所不同。温度高低既可以使香菇正常生长发育，也会导致香菇生长发育停止、缓慢和死亡。

**（1）孢子萌发** 在潮湿的状态下，香菇孢子萌发的最适温度为22℃～26℃。一般，香菇孢子在16℃条件下经过24小时萌发、在24℃下经过16小时萌发。

**（2）菌丝生长** 香菇菌丝生长温度范围在5℃～32℃，最适温度为25℃，34℃菌丝停止生长，36℃菌丝颜色变黄，40℃菌丝很快死亡。在最适温度条件下，菌丝生长速度快、生长势（生长势指菌丝生长的优劣程度）好。生产上培养菌种和栽培袋的发菌通常将环境调控在25℃的最适温度培养，保证菌丝体快速生长、健壮繁殖，尽快长满料瓶或料袋，以达到缩短发菌时间并培养出优质菌种和菌袋的目的。

**（3）原基分化与子实体发育** 当香菇菌丝体在基质中大量生长繁殖达到一定数量，如代料栽培发菌满袋后，或者说菌丝达到生理成熟时，突然遇到外界环境较短时间的低温刺激，造成温差（温差指温度差异的简称），菌丝体就会扭结分化出原基。这实际上是香菇自我保护的现象：低温刺激和温差是香菇菌丝继续生长繁殖的不良条件，生理成熟的菌丝体一旦遇到低温刺激和温差大时，菌丝生长速度就会变慢，将营养物质集中运输并积聚，菌丝体扭结分化出组织团——原基（原基是指尚未分化的原始子实体的组织团），原基分化出菇蕾（菇蕾是指由原基分化的有菌盖和菌柄的幼小子实体），菇蕾发育成子实体（子实体是指产生孢子的真菌组织器官），子实体产生孢子（孢子是指香菇经有性过程所产生的繁殖单元），数量巨大的孢子被雨水或风传播到其他有利于生存的地方得以生存，以延续自身种族不被灭绝。香菇分化原基形成子实体实质上是抵御外界不良环境、保护自身种族延续的行为。

香菇的出菇是指原基分化、菇蕾分化和子实体发育形成的过程，也就是结实的过程。科技文献资料中通常将出菇称为子实体发生。原基分化是出菇的基础和前提，只有原基分化后才可能继续有菇蕾分化和子实体发育形成。环境温度对香菇出菇起着重要作用。

　　香菇子实体原基分化的温度一般为5℃～25℃。有学者根据子实体发生（出菇）对温度的要求，将香菇划分为5种类型：高温型、中高温型、中温型、低中温型和低温型（表1-2）。

表1-2　香菇子实体发生的温度类型

| 温度类型 | 子实体发生必需的温度 | 发生季节 |
| --- | --- | --- |
| 高温型 | 25℃以下 | 夏 |
| 中高温型 | 20℃以下 | 夏、秋 |
| 中温型 | 15℃以下 | 秋、春 |
| 低中温型 | 10℃以下 | 晚秋、春 |
| 低温型 | 5℃以下 | 冬、春 |

注：根据黄年来《中国香菇栽培学》。

　　香菇属变温结实性菌类，低温和变温刺激有利于原基分化。变温刺激通常是由昼夜温差来实现的。在恒温条件下多数香菇品种难以原基分化。香菇子实体原基分化的温度一般为5℃～25℃。昼夜温差大，原基容易分化而且数量多。香菇原基分化所需温差大小因具体香菇菌株或品种的出菇特性而不同，高温型香菇所需温差较小，为3℃～5℃；低温型香菇所需温差较大，为5℃～10℃。同一菌株或品种香菇在适宜的温度范围内，温度较低，发育较慢，菌盖肥厚、不易开伞、菌柄短，厚菇多，质量好；温度较高，发育加快、菌盖薄、易开伞、质地柔软，菌柄长，长脚薄菇多，质量差。菇蕾形成初期遇霜冻结冰的低温时很易形成菇丁（菇丁是指细小的菇体）。

　　各地可根据香菇子实体发生的温度类型，结合当地季节气温和市场需求，选择栽培不同温型的香菇。这里还需要特别指出的是，香菇温型是人为的相对划分，并非绝对，实际生产中需要灵活把握。

**4. 光照**　光照影响香菇生长发育。香菇菌丝生长阶段不需要光照，在弱光或黑暗条件下菌丝生长较快、生长势较好；过强的光照会抑制菌丝生长。

香菇原基分化和子实体发育需要一定的散射光照，从这一点上讲香菇具有需光性的特性。香菇菌丝体在黑暗条件下，只进行营养生长而不进行生殖发育，不分化原基，即使勉强分化原基，其发育出的子实体也是色泽不佳、肉薄柄长、多为盖小、柄长、色淡的畸形菇，也称高脚菇。香菇原基分化的最适光照强度为 10 勒，曝光时间较长，香菇子实体的数目增多。原基形成最有效的波长为 370～420 纳米。光照能促进香菇子实体的发育，尤其是对菌褶和孢子的形成有利。原基分化后，在温度较低时，较强的散射光照有利于发育成菌肉肥厚、菌柄较短和菌盖着色变深的子实体。

香菇生产的制种和制袋中，菌丝体长满菌瓶或菌袋时，经过一定时间和一定强度的光照，基质表面菌丝分泌色素、形成被膜或菌被，即转色。因此，香菇菌种生产时应避开光照，以免引起其转色和分化原基，影响菌种质量。代料栽培香菇应给予一定光照诱发其转色，只有转色好，原基分化才好，产量才高。菌袋培养 30 天后，一般就要控制光照，先对菌袋逐渐加强光照，中后期光照强度要达到 200～600 勒；同时，菇房要有遮阳网等遮阴物，荫蔽度要达到 65%～80%，以防止阳光直接照射，让菌袋合理转色；另外，香菇子实体发育过程中还具有趋光性，这就要求出菇环境光照的均匀度和方向性，避免因光照来源方向不断改变、菌柄呈扭曲状而影响菇体外观质量。这样控制光照，以获得香菇优质高产。

**5. 空气**　香菇属好气性菌类，其呼吸作用进行有氧呼吸，其生长过程中是在不断吸入氧气的同时也不断排出二氧化碳。因此，香菇生活环境空气中氧气和二氧化碳的含量对香菇生长发育有重要影响，菌丝体生长、子实体原基分化与发育都需要氧气。

（1）**菌丝生长阶段**　香菇菌丝体在培养环境通风良好、氧气充足的条件下健壮生长。

比重大、质地坚硬的木材，如枹栎、青冈栎和麻栎等树木，其中孔隙较少、空气进入也少；比重较小、质地松软的木材，如耳栎树木，其中孔隙较大，空气进入也多。香菇段木栽培，若将菌种接种到木材比重大的段木中，因其空气进入少、氧气少，则菌丝生长就慢。若菇木（菇木是指接种后的段木）中的含水量太高，木材中孔隙被水占据而空气进入就少，木材中含氧量就低，菌丝体在段木中因氧气缺乏而生长很慢。代料栽培香菇，其培养料含水量太高，空气进入少、氧气就少，同样菌丝因氧气缺乏而生长很慢。因此，香菇的段木栽培和代料栽培对段木和培养料的含水量有一定量化指标要求，即要确保基质中有空气存在；加之，要求发菌环境适当通风换气，实际上是要求基质和培养环境中有充足氧气供应，以利正常发菌。

（2）**原基分化与子实体发育阶段**　香菇原基分化与子实体发育期间呼吸作用加快，需要大量氧气，排出的二氧化碳量也增多。当出菇环境中二氧化碳浓度低于 0.1% 时，有利于抑制营养生长、促进原基分化和子实体形成；菇蕾分化后，二氧化碳浓度超过 0.1%，对菇蕾产生毒害，养分供应不上，导致菌盖畸形、菌柄徒长，失去菇体商品价值；二氧化碳浓度超过 1% 时，子实体发育受到抑制甚至长成畸形菇。当菇房环境中二氧化碳浓度超过 5% 时，不发生子实体。因此，实际栽培中应加强菇房的通风换气，让菇房中有足够氧气含量，确保氧气的合理供应，满足香菇原基和菇蕾正常分化和子实体健壮发育，以提高出菇质量和产量。

**6. pH 值**　香菇是喜酸性真菌，菌丝体喜欢在偏酸性条件下生长。菌丝体能在 pH 值 3～7 范围的环境中生长，生长适宜 pH 值为 4.5～5.5。当培养基呈碱性时菌丝体生长困难。考虑到对培养基或栽培料灭菌的过程会使其 pH 值下降 1 左右，加之菌丝新陈代谢过程中会产生醋酸、琥珀酸和草酸等有机酸，也会使基质或栽培料的 pH 值逐渐下降。因此，在配制香菇培养基时，要求在灭菌之前将培养基或栽培料的酸碱度调至 pH 值 5.5～6.5 为宜。

基质 pH 值 3.5～4.5 适宜于香菇原基分化和子实体形成。一般木材的 pH 值稳定在 3.7～3.8，有利于出菇。

# 二、栽培区划分

我国著名食用菌专家黄年来（1994）提出了我国香菇栽培区发展设想，以气候带水平地带性森林分布规律划分出了四大栽培区域：温带针阔叶混交林栽培区、暖温带落叶阔叶林栽培区、亚热带常绿阔叶林带栽培区和热带季雨林栽培区。现参考、引用和介绍如下。

## （一）温带针阔叶混交林栽培区

**1. 区域范围**　本区域在我国东北部山地，包括小兴安岭、完达山、张广才岭和长白山等林区。

**2. 资源分析**　本区域受日本海影响，气候具有海洋性温带季风气候的特征，对森林发育有利。但冬季气温偏低，1 月份多为 –10℃以下，无霜期只有 125～150 天，北部地区更短，无法进行林地露天栽培香菇，但森林储量丰富，地形复杂。区内又分南北两部分，南部温带针阔叶混交林区主要山脉为长白山，山势平缓，由于纬度偏南，气候较温暖，雨量充足，≥10℃有效积温为 2 300℃～3 000℃，年降水量 600～800 毫米。

**3. 发展方式**　区域内局部地区小气候优越，利用一定设施，可栽培香菇。这个地区内大量的废弃木材均可加工成木屑进行人工室内栽培。

## （二）暖温带落叶阔叶林栽培区

**1. 区域范围**　本区域包括辽宁省南部，北京市、天津市、河北省除坝上以外的全部地区，山西省恒山至兴县一线以南，山东省、陕西省黄土高原南部和渭河平原及秦岭北坡，甘肃省的徽成盆地，河南省伏牛山、淮河以北，安徽省和江苏省的淮北平原。

**2. 资源分析**　本区域地理上处于北半球的中纬度及东南海洋季风边缘，东濒渤海和黄海。因此，气候冬季严寒而晴燥，盛行西北风；夏季酷热而多雨，雨量自海岸向西北递减，在此条件下，原来发育良好的落叶，由于人类活动频繁，现以次生灌丛为主。本区域年降水量在 500～1 000 毫米之间，年平均气温 8℃～14℃，1 月份平均气温 -3℃～2.2℃，7 月份平均气温 24℃～28℃，无霜期 5～7 个月，雨量分布不均，5～10 月份均可称雨季，10 月份至翌年 4 月份少雨，即为旱季。

**3. 发展方式**　本区域内局部地区历史上曾有少量砍花栽培。近年来，段木栽培及木屑袋料栽培有较大发展，如陕西汉中、留坝、河南卢氏等地已成为我国段木优质香菇产区。这个林带区域局部地区由于山地森林的垂直分布，形成同一地带的多类型小气候，尤其是春季较干旱，有利于花菇形成。

### （三）亚热带常绿阔叶林带栽培区

**1. 区域范围**　本区域包括浙江、福建、江西、湖南、贵州等省全境，江苏、安徽、湖北、四川等省大部分地区，河南、陕西、甘肃等省的南部，云南、广西、广东、台湾等省、自治区的北部，以及西藏东部，共涉及到 17 个省（自治区），占全国土地总面积的 25% 左右。

**2. 资源分析**　本区域地貌复杂多样，山地、丘陵、高原、平原交错分布，中部和南部地区多中等海拔山地，如川东丘陵、大别山、桐柏山地、江南丘陵、南岭山地、武夷山地、幕阜山地、天目山地、浙江南部山地、福建东部山地等，海拔大都在 1 000 米左右，而丘陵多在 500 米以下。年平均气温 15℃～20℃，≥10℃有效积温 4 500℃～7 500℃，最冷月平均气温在 0℃～15℃，无霜期 220～350 天，年降水量一般高于 1 000 毫米。

**3. 发展方式**  本区域为我国香菇栽培最适地区，是我国香菇的历史传统产地，也是当前和今后我国香菇的主产地。应重视菇树资源的保护和营造，大力发展香菇栽培基地。

### （四）热带季雨林栽培区

**1. 区域范围**  本区域包括台湾、广东、广西、云南和西藏5省、自治区的南部和海南省全部。

**2. 资源分析**  地带性森林为热带季雨林，地貌类型多样复杂。本区域属热带季风气候，高温多雨，但干燥季较分明。年平均气温20℃～22℃，最冷月平均气温12℃以上，绝对最低气温平均为5℃以上，≥10℃有效积温7 500℃～9 000℃及以上，全年基本无霜，年降水量大多超过1500毫米。

**3. 发展方式**  本区域历史上有过香菇栽培的地区，不宜大规模利用露地栽培；通过人工设施，这个地带极其丰富的阔叶林资源均可用于栽培。

# 第二章

# 香菇的生产设施与设备

香菇生产设施设备包括建筑设施、专用设备和用具用品3类。小规模生产为了降低生产设施设备投入，以实用和实效为目的，可根据自身场地条件改扩建现有房屋成为香菇生产设施，利用现有一些简易设备成为香菇生产专用设备，自制一些用具成为香菇生产用具。大型香菇生产场（厂）则应根据生产规模，科学地布局建造香菇生产必要的建筑设施，合理地购置专用设备和必需的生产用具用品，以减轻劳动强度、节约生产用工，提高产品质量、生产效率和经济效益。

## 一、建筑设施

香菇生产的建筑设施指用于栽培原料加工与存放、配（拌）料操作、灭菌与冷却、接种与发菌、产品贮藏与存放等各个生产环节所需的建筑物。

### （一）晒场与库房

晒场要求建在地面平坦、地势较高、阳光充足、通风良好和远离火源电源之处，用于木屑和秸秆培养料的摊晒和粉碎等。晒场建在菌种场的下风方向，最好为水泥地面，以防大风吹起扬尘污染菌种场环境卫生；同时，干燥的培养料属易燃物，要注意安全，避免火、电引起火灾事故发生。

在晒场就近建设原材料库房，主要用于棉籽壳、木屑、麦粒、玉米粒、麦麸、米糠、石灰、石膏以及菌种生产用的玻璃瓶、塑料袋等的保存和仓储。库房建造要求遮阴防雨、通风干燥和远离火源电源，以防止原料受潮发霉、滋生害虫和避免火灾事故发生。粉碎的新鲜木屑直接露天堆放效果较好，以便于木屑中不利于菌丝生长物质的挥发。

## （二）配料分装室

配料分装室（也称拌料装料车间）指用于培养基和培养料原料的称量、调配和拌和等的场所，要求有适当的方便作业空间、良好的通风条件和安全的水电配套，一般靠近灭菌锅或灭菌灶，以便于搬运料袋。

小规模的配料和拌料，在室内一定场地即可完成。大规模拌料场地则应专门搭建配料拌料操作车间，而且若在室外进行则在场地上应搭建有天棚，以防雨防晒。

## （三）灭 菌 室

灭菌室（也称灭菌车间）指对培养基或培养料进行灭菌的场所，要求有适当的方便作业空间、良好的通风条件和安全的水、电配套。

母种生产因试管体积小、所需数量不多，无须很大空间的灭菌室或场所，但原种和栽培种生产，尤其是大型菌种场或大型制袋场，需要规划设计出符合生产规模的相应灭菌车间大小和间数。

## （四）冷 却 室

冷却室（也称冷却车间）指培养料冷却的场所，要求按照无菌室标准建设：有适当的置放料瓶或料袋的空间、室内洁净、易封闭但又易散热、配套紫外线灯，整个冷却室应尽量达到无杂菌状态，必要时外设缓冲间和冷却室，内安推拉门，以避免操作人员进出空气流动导致杂菌进入。

小规模香菇菌袋生产、母种生产一般无须专门的冷却室。但大规模香菇菌袋生产，以及大规模原种和栽培种生产尤其是大型菌种场，需要规划设计出符合生产规模的相应灭菌车间大小和间数。现代化菌种场的冷却车间安装有空气净化设施系统，使冷却室（车间）内空气洁净程度非常高，几乎处于无杂菌状态，是菌种生产污染率极低、成品率很高的重要因素之一。

### （五）接 种 室

接种室（也称接种车间）为接种作业的场所，要求按照无菌室标准建设：有适当的置放料瓶或料袋空间、室内洁净、较为干燥、易封闭但又易散热，配套紫外线灯和照明灯，整个冷却室应尽量达到无杂菌状态，必要时外设缓冲间和内安推拉门，以避免操作人员进出空气流动导致杂菌进入。

小规模菌袋生产和菌种生产，可将冷却室和接种室合二为一，同时具备冷却和接种用途。少量的母种生产的接种可在接种箱或超净工作台中完成，无须专门接种室。大规模菌袋生产和大型菌种场的原种和栽培种生产量大，要求在有相应空间大小的接种室中进行；现代化大型菌种场的接种室安装有空气净化设施系统，使接种成品率很高；而且安装有调温设施，利于接种人员在舒适环境下作业。

### （六）发 菌 室

发菌室（也称发菌车间，或发菌棚）指用于菌袋和菌种培养的场所，要求室内洁净、墙体具有壁厚保温和表面光滑易清洁等特点。室内配备照明灯，在观察和检查菌袋发菌状况、菌种生长情况时段使用，平常多数时间关闭照明灯，对菌种进行避光培养。

小规模菌袋生产和少量菌种生产可利用培养室的自然温度进行培养（发菌）即可。大规模菌袋生产，以及大型现代化菌种场的发菌室要求安装有空气净化设施系统，菌袋和菌种培养不易被杂菌污染、成品率很高；安装控温设施设备，恒定适宜温度培养，发菌速度快、均匀，可免受自然温度时高时低对菌丝培养或发菌的影响，发菌周期短而稳定，以确保按照计划准时生产出菌袋和提供菌种。目前，在产区多以加盖有遮阳网的塑料大棚作为发菌棚。

## （七）菇　房

菇房（也称出菇室和出菇房）指具备栽培出菇的建筑物，既可以是房屋、地下室、防空洞等，也可以是在田间地头搭建的有遮阳网的塑料大棚，实际生产中以能够遮阴的塑料大棚为多。大棚菇房搭建没有标准规格可循，可根据具体地块形状和便于作业加以灵活搭建，一般菇房宽度可在 6～7 米、长度在 7～13 米，每个菇房的建筑面积在 150～200 米$^2$ 较为理想；顶部以遮阳网遮盖成平面荫棚；低温干燥季节可在菌床上加盖塑料薄膜，以提温保湿。

工厂化栽培香菇，其菇房内安装有自动控制设施，可使环境的温度、光照、湿度和二氧化碳等指标参数处于较为理想状态，利于出菇整齐和产量稳定。

## （八）检　验　室

检验室指用于检验菌种质量的场所，要求有适当空间放置相应检验设备和便于检验人员操作，水、电配套，洁净干燥等。

## （九）产品包装室

产品包装室也称包装车间，指对采收菇体进行整理和包装的场所。其面积大小根据生产规模确定。在香菇大型栽培场收获量多，需要这样的场所。

## （十）产品贮藏室

**1. 菌种贮藏室和留样室**　贮藏室指用于培养（发菌）完毕待销售成品菌种或菌种使用前临时存放的场所，要求具备遮光、凉爽、隔热、干燥和洁净等特点，室内配备照明灯在不定期观察和检查菌种贮藏状况时短时间使用，平常多数时间关闭照明灯光。目的是让菌种的菌丝生长处于停滞状态，避免菌丝在较高温度下继续生长，基质（基料）不断被消耗，导致菌种基质萎缩和菌种老化，影响菌种质量。小规模菌种生产，只要按照供种计划事先安排好菌种生产时间，菌种长满试管或菌种瓶或菌种袋后及时使用，就不需要菌种贮藏室。大型菌种生产场尤其是现代化菌种生产场，应该有菌种贮藏室或库房，而且安装有制冷设备设施，室内温度一般控制在4℃～6℃。

留样室指对生产出来的菌种进行样品一定时间保留的场所，目的是以备追查。留样室的建造和环境温度要求与贮藏室相同，为了不浪费场所、经济实用，可将贮藏室中划块分区成为留样室。菌种生产单位（尤其是商品菌种生产厂家等）必须配备菌种留样室，根据《NY/ T 528 食用菌菌种生产技术规程》，对生产的各级菌种都应留样备查，留存数量一般应以每个生产批号抽样留存：母种 3～5 支 / 批，原种和栽培种 5～7 瓶（袋）/ 批；保存温度条件：于环境温度 4℃～6℃下贮存；保留时间：菌种样品应该保留到该批号菌种出售后在正常生产条件下长出第一潮菇为止。

**2. 产品保藏室**　产品保藏室指采收菇体产品集中短时间保藏和无须外运产品低温保鲜处理或干品贮存的场所。香菇大型栽培场一般应设置这类场所。

# 二、机械设备

香菇生产的机械设备包括原料粉碎机械、培养料制备机械、培养料灭菌设备、接种设备与器具、培养、栽培机具与设备。

## （一）原料粉碎机械

过去香菇生产使用段木原料栽培出菇；现在香菇生产多以木屑

和秸秆代替段木作为主料，装入塑料袋中栽培出菇。这就需要专门机械对木屑和秸秆原料进行粉碎，便于装袋，这种专门机械就是粉碎机械。

原料粉碎机械一般简称为粉碎机，可将木材、农作物秸秆（稻草、麦秸、玉米秸、棉花秆或棉柴）粉碎成一定细度的颗粒，成为适应香菇菌种生产和菌袋生产所需原料。粉碎机包括木材粉碎机和秸秆粉碎机。粉碎机内筛孔直径大小决定着粉碎出原料颗粒的大小，一般木材粉碎机的筛孔直径为 2.4～2.8 毫米，秸秆粉碎机筛孔直径为 3 毫米。

## （二）培养料制备机械

培养料制备机械指用于香菇菌种生产和袋料栽培料袋生产过程中所需的系列机械，包括原料筛选机、培养料搅拌机即拌料机、装瓶机和装袋机。而且将这些机械按照作业流程或工序机械组合，形成装瓶生产线和装袋生产线，可以更有效地提高生产效率。

## （三）培养料灭菌设备

香菇菌种的培养基质和袋栽的培养料，通常都需要做灭菌处理才能接入菌种。这类似于栽种农作物之前需要对栽种地块进行除草处理的道理。对培养基质或栽培料进行灭菌处理通常有两种方法：高压蒸汽湿热灭菌法和常压蒸汽湿热灭菌法。因此，也就有两种灭菌设备：高压蒸汽湿热灭菌设备和常压蒸汽湿热灭菌设备。

**1. 高压蒸汽湿热灭菌设备**

（1）**小型高压灭菌锅**　容量小。主要用于母种培养基的灭菌。

（2）**中型高压灭菌器**　分立式和卧式两种，容量较大，主要用于原种或栽培种的料瓶或料袋灭菌。

（3）**大型高压灭菌器**　卧式，外观呈长方体或圆柱体形状。容量大，自动化程度高，适用于大型菌种生产场和香菇工厂化生产对培养基质的灭菌。

**2. 常压蒸汽湿热灭菌设备**

（1）**小型灭菌灶**　常见的有油桶灭菌灶和钢板焊接锅灭菌灶，容量小，适合小规模原种、栽培种和栽培料袋的培养基质灭菌使用。

油桶灭菌灶一次可装 128～256 瓶。菇农可自行制作油桶灭菌灶，其方法是：选择一个完好汽油桶，去掉顶盖，在距桶底 25 厘米处安装一个用钢筋制作的横隔，在桶内放入一根厚为 0.12 厘米的桶状塑料薄膜，装好料瓶后，将塑料薄膜扎好。或在顶部罩上塑料薄膜，加热烧沸水产生蒸汽进行灭菌。为了增加灭菌的料瓶数量，可重叠 2 个铁框，框架高为 2 个料瓶的高度（65 厘米），在横隔上方安装一个排气阀门，在阀门上套上一根细塑料管，将其放入盛有水的桶内，用于调节灶内蒸汽，防止蒸汽胀破塑料薄膜。用蜂窝煤进行加热，操作十分方便，约需要 50 个蜂窝煤。

钢板灭菌灶是用钢板制作一个方形柜式灭菌灶，对料瓶或料袋进行灭菌。灶体高 220 厘米，长和宽均为 130 厘米，在一侧制作一个宽 60 厘米、高 120 厘米的门，门柜底部距灶体底部 30 厘米。在灶内 25 厘米处制作横隔，并在灶体横隔上方两侧安装排气阀门。燃烧装置制作成烧蜂窝煤的灶，用煤车装煤，煤车长 85 厘米、宽 75 厘米、高 40 厘米，一次可装 148 个蜂窝煤。煤燃烧殆尽后，即灭菌结束。

（2）**中型灭菌灶**　适用于 0.5 万袋左右灭菌的灭菌灶。常见为砖制土蒸灶，用砖和水泥制作的土蒸灶，食用菌生产中常用土蒸灶。灶体长和宽均为 1.5 米，高为 2 米，在灶内安装一个口径为 1 米的铁锅。在灶体一侧制作一个门，门高 120 厘米、宽 50 厘米，在门框两侧安装 2～3 个铁环，门用木板制作，在门内壁贴一层塑料薄膜。在灶体与烟道之间作一个水池，即安装一个口径为 50 厘米的小铁锅，四周用砖砌成水池状，并在灶上开一个小口，或安装一根铁管，便于向灶内锅中补充热水。在锅缘四周放置一层砖，铺上木棒和木板后作横隔。灶膛为燃烧普通煤的灶。

（3）**大型灭菌锅灶**　适用于大规模栽培料袋的灭菌，容量大，一次灭菌可上万袋。

## （四）接种设备与器具

香菇菌种的移植或转接需要在没有杂菌的环境中进行，这种无杂菌的环境可由专门的接种箱和超净工作台提供。移接菌种一般使用专用工具进行，同时，移接菌种时工具保持无杂菌状态。

**1. 接种箱**　接种箱又名无菌箱，是一个可以密闭的木质箱子或有机玻璃箱子。在箱中做消毒处理后，箱内成为无菌空间环境，用于菌种的移植或转接，避免杂菌污染料瓶和料袋。

料袋接种，生产实际上往往就在塑料大棚中进行，就地接种就地发菌。

**2. 超净工作台**　超净工作台又称净化工作台，是提供局部无尘无菌工作环境的空气净化设备。其原理是通过高效滤器将流动空气中的尘埃和微生物加以截留滤掉，形成局部无杂菌的洁净环境空间。这个洁净环境用于菌种的移植或转接，避免了杂菌污染料瓶和料袋。

**3. 自动接种机**　自动接种机是接种过程自动化的机械设备，主要用于栽培菌种料瓶和栽培料瓶的接种，适用于容量 $750 \sim 1400$ 毫升、瓶口直径 $30 \sim 75$ 毫米的玻璃瓶和塑料瓶的木屑菌种的接种。全自动接种机的自动化程度比半自动接种机更高。自动接种机价格昂贵，大规模菌种生产厂家和香菇工厂化生产厂家可购置使用自动接种机。

## （五）培养、栽培机具与设备

**1. 空气灭菌消毒设备**

（1）**紫外线灭菌灯**　指用来产生紫外线的装置。选用短波紫外线波长 2650 埃（1 埃 $=10^{-10}$ 米 $=0.1$ 纳米）的紫外线灭菌灯。安装在接种箱和接种室内，用于杀灭空气和物体表面的杂菌。一般

10～30 米² 的房间需 30 瓦紫外线灯 1 支，照射 30 分钟后，再挂上黑色窗帘遮光 30 分钟，杀菌效果较好，既能避免紫外线的光状效应，还可防止紫外线灯产生的臭氧危害人体。

（2）**臭氧发生器**　指产生臭氧（$O_3$）的装置。臭氧具有氧化能力，在一定浓度下可以起到消毒杀菌的作用。臭氧可应用于接种室、培养室和出菇室的空间消毒杀菌，建议浓度 10～20 毫克/米³；接种人员的手、衣服用臭氧消毒灭菌，建议浓度 30～40 毫克/米³；接种器械和菇房增湿用水的臭氧消毒灭菌，建议 4～7 毫克/升；鲜菇包装前采用臭氧或臭氧水进行保鲜处理，建议 10～20 毫克/米³ 或 4～7 毫克/升。

**2. 空气调节设备**　空气调节设备常简称空调，是在一定空间内保持空气的温度、湿度、洁净度和气流速度（简称四度）在一定范围内变化的调节设备。用于接种室、菌种培养室和出菇室（菇房）的空气调节。

**3. 暖风机**　指能够提供比周围环境温度高的热空气的设备。可用于培养室内环境温度的调节。缺点是热风使空气变得干燥，长期使用也会使培养基质含水量降低而变干。

**4. 增湿机**　指将水蒸发产生和输送雾状水的装置。常用于增加菇房内环境空气湿度。

**5. 微喷灌系统**　指兼具喷灌和滴灌功能、能够产生雾状水的装置。用于出菇房增加环境空气湿度和供给幼菇水分需求。

**6. 料袋注水器**　指能够向出菇菌袋中注入水分的器具。袋料栽培香菇是在料袋两端袋口出菇，出菇期间采菇菇体带走料内大量水分；而且两端长时间直接暴露在空气中，蒸发作用也使料内水分散失很多，料内缺水影响正常出菇和出菇产量。因此，这时有必要用料袋注水器对菌袋增加水分。料袋注水器可使用香菇专用注水器。

# 三、用具用品

## （一）接种工具

转接食用菌母种的工具有接种针、接种铲等。母种转接原种、或原种转接栽培种、或栽培种转接栽培袋的工具有接种针、接种锄、镊子和专业接种器等。这些接种工具和器具在接种作业前需进行酒精火焰灼烧或高压蒸汽灭菌处理，使其在接种时处于无杂菌状态。

## （二）其他用品

**1. pH 试纸**　用于菌种培养基和栽培料配制时测试酸碱度。

**2. 酒精灯与酒精棉球**　指以酒精为燃料产生火焰的灯，常用于金属类接种工具的火焰灭菌。酒精棉球指将干棉花分成小团，浸泡于装有 70%～75% 酒精溶液的玻璃瓶中，用于接种工具和接种人员手的消毒。一般，酒精灯与酒精棉球都置放于接种箱和洁净工作台内，便于随时使用。

**3. 温湿度表（计）**　用来测定环境的温度及湿度。悬挂于培养室和菇房内，用于观测室内环境的温度和湿度。

**4. 基质容器**　指盛装菌种培养基和栽培料的容器，如试管、玻璃瓶、塑料瓶和塑料袋等。试管和玻璃瓶的塞子有棉塞和塑料塞。装料的塑料袋配有颈圈套环和捆扎用橡皮筋圈等用品。

**5. 打孔棒**　用于料袋经灭菌后需要木棒或塑料棒在料袋上打孔洞，孔洞内接种菌种。这种用来打孔的木棒或塑料棒称为打孔棒。

**6. 割刀**　不脱袋的菌棒分化出子实体原基后，在原基处需要用刀将该处的塑料膜割去，以让原基形成菇蕾并长出袋外，发育成正常子实体，这种刀具称为割刀。

# 第三章
# 香菇优良品种

　　香菇等食用菌生产和经营中经常遇到"菌株"、"品种"、"新品种"、"优良品种"、"菌种"和"种"等科技名词。这几个名词术语的概念既有所不同又有些联系，很多人尤其是基层菇农常常将这几个名词混为一谈，导致业界相互交流出现差错。

## 一、品种相关术语

### （一）术语的概念、特征和意义

**1. 菌　株**

　　**（1）基本概念**　菌株指种内或变种内在遗传特性上有区别的培养物（据《GB/ T 12728—2006 食用菌术语》2.5.2 菌株）。菌株是从自然界或诱变处理后的培养物中分离的食用菌纯品系。

　　**（2）属性特征**　菌株具有3个属性特征，一是遗传性纯；二是种内或变种内若干遗传特性上有区别的菌类；三是有菌株名称或编号。

　　**（3）应用意义**　菌株是育种工作的基础材料，是选育品种的前提。通过试验示范，按照一定程序可以将农艺性状优良的菌株审定为品种。

**2. 品　种**

　　**（1）基本概念**　品种指经各种方法选育出来的具有特异性、

一致（均一）性和稳定性可用于商业栽培的食用菌纯培养物（据《GB/T 12728—2006 食用菌术语》2.5.1 品种）。品种是对发现的野生食用菌加以开发或人工培育的食用菌纯培养物。

（2）**属性特征**　品种具有 3 个属性特征，一是具备性状特异性、个体一致性和时间稳定性；二是通过审定或认定；三是有适当命名。

（3）**应用意义**　品种是一种生产资料，是进一步选育新品种的种质资源。

**3. 新 品 种**

（1）**基本概念**　新品种是指性状优于当前栽培的食用菌品种，是针对当前旧品种而言。

（2）**属性特征**　新品种具有两个属性特征，一是综合农艺性状（产量、品质和抗逆性等）优于当前栽培品种；二是个别性状（如产量，或品质，或抗逆性等个别性状）显著优于当前栽培品种。

（3）**应用意义**　新品种在生产上应用使食用菌增加单产、提高品质和增加效益。

**4. 优良品种**

（1）**基本概念**　优良品种又称良种，是指综合农艺性状与当前栽培品种相比，表现出优秀或良好的品种。

（2）**属性特征**　优良品种的综合农艺性状显著优于当前栽培品种。

（3）**应用意义**　优良品种在生产上应用使食用菌增加单产、提高品质和增加效益。

**5. 菌 种**

（1）**基本概念**　菌种是指生长在适宜基质上具结实性的菌丝培养物，包括母种、原种和栽培种（据《GB/T 12728—2006 食用菌术语》2.5.6 菌种）。菌种是人工培养用于科研和生产的食用菌菌株或品种的纯菌丝体。菌种是指食用菌菌丝体及其生长基质组成的繁殖材料（据农业部《食用菌菌种管理办法》第三条）。

（2）**属性特征**　菌种具有 5 个属性特征，一是具有品种特性；

二是商品菌种符合部颁菌种标准；三是纯培养物（未混有其他生物）；四是具有活力（满管、满袋时间天数适当）；五是保藏、运输均在容器内附着于基质上。

（3）**应用意义** 菌种是科研工作的对象和材料，是农业生产资料。优质菌种是保证食用菌丰产、丰收的基础。

**6. 种**

（1）**基本概念** 种是生物物种的简称，是生物分类学的基本位。它是一群可以交配并繁衍后代的个体，但与其他生物却不能交配，不能性交或交配后产生的杂种不能再繁衍。

（2）**属性特征** 物种是互交繁殖的相同生物形成的自然群体，与其他相似群体在生殖上相互隔离，并在自然界占据一定的生态位。

（3）**应用意义** 物种区别出生物类群，有利于人类对不同生物类群区别对待，进行科学研究和合理利用。

## （二）术语之间的关系

**1. 术语各自概念不同** 菌株、品种、新品种、优良品种、菌种和种这6个术语，其各自基本概念的内涵和本质是不一样的、不能等同的。

**2. 术语之间相互关联** 菌株是食用菌育种工作的基础材料（种质资源），是选育食用菌品种的前提。研究开发出农艺性状优良菌株的单位或个人，按照一定标准要求和规定程序，可以向省级农作物品种审定委员会申请品种审定，优良菌株审定为品种，并获得《省农作物品种审定证书》；在此基础上还可以向国家农业技术推广中心申请品种认定，并获得《国家食用菌品种认定证书》。

菌株、品种、新品种和优良品种可以做成菌种，供科研和生产使用。

菌株、品种、新品种和优良品种可被生物分类到食用菌的某个"种"内。

**3. 术语之间相互混淆** 很多人士常常对这些术语有所混淆，尤其是将"种"和"品种"加以混淆。例如，有提问："你所在地食用菌栽培有些什么品种？"，有回答："我们那地方栽培平菇、香菇和木耳"。回答者回答成了所栽培食用菌的物种（即种）类别有平菇、香菇和木耳。这个回答显然是错误的，其原因是回答者不懂得"种"这个术语的概念，将"种"误认为就是"品种"的意思。其实，提问者想问的是具体栽培的品种，或者说平菇这个"种"有些什么具体栽培"品种"、香菇这个"种"有些什么具体栽培"品种"、木耳这个"种"有些什么具体栽培"品种"。

物种＝种≠品种。例如，"香菇"不是品种名称，而是物种的名称，指香菇这个物种。"Cr-02"则是香菇这个物种在栽培中一个具体的品种。

# 二、优良品种介绍

在我国，香菇等食用菌尽管归口于农业经济作物进行管理，但是以前没有开展品种审定和认定工作。自农业部2006年颁布了行业法规《食用菌菌种管理办法》，规范了良种选育等要求与管理后，全国农业技术推广中心牵头成立了全国食用菌品种认定委员会，开始组织了食用菌认定工作。与此同时，北京、四川、山东、湖北等地相继开展了省（直辖市）级的食用菌品种鉴定、审定、认定工作。一般新近审定或认定的品种为当前的优良品种，下面摘录张金霞等（2012）编著《中国食用菌品种》中的香菇品种，供栽培者参考。

## （一）Cr-02

**1. 形态特征**　子实体小型，较致密；菌盖褐色，含水量低时色浅，圆整，直径3～5厘米，厚1～1.5厘米，鳞片较少；菌柄长3～5厘米（视通风情况而不同），通风好的栽培环境下菌柄一般不超过3.5厘米，粗0.7～1.2厘米，一般0.9厘米。

**2. 培养特性**　菌丝生长温度为5℃～33℃，适宜温度为23℃～

25℃，耐最高温度40℃达4小时，耐最低温度0℃达8小时；保藏温度4℃～6℃。在适宜的培养条件下，12天长满90毫米培养皿。菌落平整，菌丝洁白，气生菌丝少，无色素分泌。

**3. 栽培特性**

（1）**培养料配方** 除樟科外的阔叶树木屑78%～80%，麦麸18%～20%，轻质石灰石或石膏粉1%，糖1%。

（2）**发菌适宜环境** 温度25℃；基质含水量55%～58%、pH值4.5～6；空气相对湿度60%～70%。

（3）**栽培周期** 发菌期30～35天，后熟期25～30天。在适宜的环境下，从接种到出菇一般需要60天左右，栽培周期约8个月，属于早熟品种。

（4）**催蕾方法和条件** 自然昼夜温差催蕾，温差5℃。

（5）**子实体生长适宜环境** 子实体生长适宜温度14℃～20℃，基质含水量60%～65%，空气相对湿度90%～95%。属中温型品种。

（6）**菇潮间隔期管理** 采菇后停水3天，菌棒含水量不足时需要补水。

（7）**出菇菌龄** 60天。

（8）**栽培注意事项** 一是基质初始含水量应略低于适宜含水量，以减少杂菌污染，提高制棒成活率。二是菌丝培养及后熟期避光，并减少温差，菌丝生理成熟后应增光转色。

**4. 产量品质** 一般生物学效率100%。菌龄短，产量高，菇型小，适宜鲜销。

**5. 适栽地区和接种季节** 适合广东北部、福建中北部、浙江、江西、湖南、湖北、江苏、四川、贵州、湖北、河南、山西、陕西等地区栽培；一般夏末接种，秋季出菇。

## （二）L135

**1. 形态特征** 子实体中小型，质地致密，易形成明花菇；菌盖浅褐色至褐色（含水量低时色浅）、圆整，直径4～6厘米，厚1.5～

2 厘米，一般无鳞片；菌柄长 3～5 厘米（视通风情况而不同），通风良好时菌柄长度一般不超过 3.5 厘米，粗 0.8～1.2 厘米。

**2. 培养特性** 菌丝生长温度为 5℃～32℃，适宜温度为 23℃～25℃，耐最高温度 40℃达 4 小时，耐最低温度 0℃达 8 小时；保藏温度 4℃～6℃。在适宜的培养条件下，12 天长满 90 毫米培养皿。菌落平整，菌丝洁白，气生菌丝少，无色素分泌。

**3. 栽培特性**

（1）**培养料配方** 除樟科外的阔叶树木屑 78%～80%，麦麸 18%～20%，轻质石灰石或石膏粉 1%，糖 1%。

（2）**发菌适宜环境** 温度 25℃；基质含水量 55%～60%、pH 值 4.5～6；空气相对湿度 60%～70%。

（3）**栽培周期** 发菌期 30～35 天，后熟期 180～210 天，栽培周期 12～14 个月。

（4）**子实体生长适宜环境** 子实体生长温度 7℃～20℃，适宜温度 7℃～15℃，基质含水量 50%～58%，原基形成空气相对湿度 90%～95%。子实体发育空气相对湿度 75%；要求散射光、空气新鲜。

（5）**催蕾方法和条件** 自然昼夜温差催蕾，温差 7℃。

（6）**出菇菌龄** 210～240 天。

（7）**栽培注意事项** 一是菌丝培养及后熟期避光，并减少温差，菌丝生理成熟后应增强光照以利转色。二是适宜层架栽培，做花菇栽培生产。三是不脱袋出菇，原基 1 厘米大小时割口育菇。四是空气相对湿度控制要从高到低，90%～95% 诱导形成，分化开始逐渐降低大气湿度以形成花菇。

**4. 产量品质** 一般生物学效率 90%。质量好，花菇率高；但菌龄长。

**5. 适栽地区和接种季节** 适合广东北部、福建中北部、浙江、江西、湖南、湖北、江苏、四川、贵州、湖北、河南、山西、陕西、河北等地区栽培；一般 2～4 月份制袋，11 月份后出菇。

## （三）闽丰1号

**1. 形态特征**　子实体大型，较致密；菌盖褐色，含水量低时色浅，大部分圆整，直径6～9厘米，厚1.2～1.8厘米，有鳞片和茸毛；菌柄长3～5厘米（视通风情况和湿度而不同），通风好、温度合适时一般不超过4厘米，粗1～1.5厘米、一般1.2厘米。

**2. 培养特性**　菌丝生长温度为5℃～33℃，适宜温度为23℃～25℃，耐最高温度40℃达4小时，耐最低温度0℃达8小时；保藏温度4℃～6℃。在适宜的培养条件下，12天长满90毫米培养皿。菌落平整，菌丝洁白，气生菌丝少，无色素分泌。

**3. 栽培特性**

（1）**培养料配方**　除樟科外的阔叶树木屑78%～80%，麦麸18%～20%，轻质石灰石或石膏粉1%，糖1%。

（2）**发菌适宜环境**　温度25℃；基质初始含水量55%～58%，pH值4.5～6；空气相对湿度60%～70%。

（3）**栽培周期**　发菌期30～35天，后熟期25～30天。栽培周期约8个月。

（4）**催蕾方法和条件**　自然昼夜温差催蕾，温差5℃以上。

（5）**子实体生长适宜环境**　出菇温度10℃～25℃，适宜温度15℃～20℃，基质含水量50%～60%，空气相对湿度90%～95%。要求空气新鲜和散射光。

（6）**菇潮间隔期管理**　采菇后停水3天，菌棒失水过多的需要补水。

（7）**出菇菌龄**　50～60天。

（8）**栽培注意事项**　菌丝培养及后熟期宜避光，并减少温差，菌丝生理成熟后应增光转色。

**4. 产量品质**　一般生物学效率100%。菌龄短，产量高；部分菇菌盖不圆整。

**5. 适栽地区和接种季节**　适合广东北部、福建中北部、浙江、

江西、湖南、湖北、江苏、四川、湖北等地区栽培；一般秋季栽培。

### （四）Cr-62

**1. 形态特征**　子实体中型，较致密；菌盖浅褐色至褐色，含水量低时色浅、圆整，直径4～6厘米，厚1.5～2厘米，少有鳞片和茸毛；菌柄长3～5厘米（视通风情况而不同），通风好的栽培环境下菌柄长一般不超过3.5厘米、粗0.8～1.2厘米、一般1厘米。

**2. 培养特性**　菌丝生长温度为5℃～32℃，适宜温度为23℃～25℃，耐最高温度40℃达4小时，耐最低温度0℃达8小时；保藏温度4℃～6℃。在适宜的培养条件下，13天长满90毫米培养皿。菌落平整，菌丝洁白，气生菌丝少，无色素分泌。

**3. 栽培特性**

（1）**培养料配方**　除樟科外的阔叶树木屑78%～80%，麦麸18%～20%，轻质石灰石或石膏粉1%，糖1%。

（2）**发菌适宜环境**　温度25℃；基质含水量55%～58%，pH值4.5～6；空气相对湿度60%～70%。

（3）**栽培周期**　发菌期30～35天，后熟期35～40天。在适宜的环境下，栽培周期8～9个月。

（4）**催蕾方法和条件**　自然昼夜温差催蕾，温差5℃以上较好。

（5）**子实体生长适宜环境**　子实体生长温度14℃～20℃，基质含水量50%～60%，空气相对湿度90%～95%。要求空气新鲜，散射光。

（6）**菇潮间隔期管理**　采菇后停水3天，菌棒含水量不足时需要补水。

（7）**出菇菌龄**　70天。

（8）**栽培注意事项**　菌丝培养及后熟期避光，并减少温差，菌丝生理成熟后应增光转色。

**4. 产量品质**　一般生物学效率100%。菌龄短，产量高，菇形好。

**5. 适栽地区和接种季节**　适合广东北部、福建中北部、浙江、

江西、湖南、湖北、江苏、四川、辽宁等地区栽培；一般秋季栽培。

### （五）Cr-04

**1. 形态特征** 子实体大型，较致密；菌盖褐色至深褐色，含水量低时色浅、圆整，直径 5～8 厘米，厚 1.5～2 厘米，有鳞片和茸毛；菌柄长 3.5～5 厘米（视通风情况而不同），通风好的栽培环境下菌柄一般不超过 4.5 厘米，粗 0.9～1.4 厘米，一般 1.1 厘米。

**2. 培养特性** 菌丝生长温度为 5℃～32℃，适宜温度为 23℃～25℃，耐最高温度 40℃达 4 小时，耐最低温度 0℃达 8 小时；保藏温度 4℃～6℃。在适宜的培养条件下，12 天长满 90 毫米培养皿。菌落平整，菌丝洁白，气生菌丝少，无色素分泌。

**3. 栽培特性**

（1）**培养料配方** 除樟科外的阔叶树木屑 78%～80%，麦麸 18%～20%，轻质石灰石或石膏粉 1%，糖 1%。

（2）**发菌适宜环境** 温度 25℃，基质含水量 55%～58%，空气相对湿度 60%～70%，pH 值 4.5～6。

（3）**栽培周期** 发菌期 30～35 天，后熟期 35～40 天。在适宜的环境下，栽培周期 8～9 个月。

（4）**催蕾方法和条件** 自然昼夜温差催蕾，温差 5℃以上较好。

（5）**子实体生长适宜环境** 温度 13℃～20℃；基质含水量 50%～60%，空气相对湿度 90%～95%；要求空气新鲜，散射光。

（6）**菇潮间隔期管理** 采菇后停水 3 天，菌棒含水量不足时需要补水。

（7）**出菇菌龄** 70 天。

（8）**栽培注意事项** 菌丝培养及后熟期避光，并减少温差，菌丝生理成熟后应增光转色。

**4. 产量品质** 一般生物学效率 100%。菌龄较短，产量高，菇形好。

**5. 适栽地区和接种季节** 适合广东北部、福建中北部、浙江、

江西、湖南、湖北、江苏、四川等地区栽培；一般秋季栽培。

### （六）庆元9015

**1. 形态特征**　子实体大型、单生，偶有丛生，组织致密，朵形圆整，肉厚，易形成花菇；菌盖褐色，直径4～14厘米，厚1～1.8厘米，表面有淡色鳞片；菌柄黄白色，长3.5～5.5厘米，直径1～1.3厘米，有淡色茸毛；菌褶整齐。

**2. 培养特性**

**（1）温度**　菌丝生长温度为5℃～32℃，适宜温度为24℃～26℃；出菇温度为8℃～20℃，最适温度14℃～18℃；原基形成不需要温差刺激，子实体分化时需6℃～8℃的昼夜温差刺激。

**（2）水分**　菌丝生长适宜的基质含水量55%～60%。子实体形成适宜基质含水量50%～60%，空气相对湿度85%～90%。段木栽培中适宜段木含水量35%～40%。

**（3）pH值**　菌丝生长的pH值为3～7，适宜pH值4.5～5.5。

**（4）光照和空气**　较强的光照条件下，柄短肉厚，菇质优，易形成花菇。

**3. 栽培特性**

**（1）栽培周期**　春、夏、秋3季均可接种，秋冬季出菇；发菌期45～60天，后熟期30～45天，出菇菌龄90天以上。出菇期为10月份至翌年4月份，菇潮明显，间隔期7～15天。属中熟型代料和段木栽培两用品种。

**（2）抗逆性**　抗逆性强，不易受霉菌污染，夏季高温不易烂棒。

**（3）栽培技术要点**　①普通菇低棚栽培3～8月份接种均可，而作为花菇栽培最迟接种期为6月上旬，6月中旬接种菇潮明显，不利于花菇的形成和管理。②要用足麦麸，不低于20%。③含水量要求高于其他品种，基质初始含水量60%～65%，15厘米×55厘米栽培袋湿重要达到1.9～2.1千克/袋。④发菌过程中需进行

2~3次刺孔通气，总孔数70个左右，且均匀分布。⑤发菌后期气温低于20℃时，受振动易出菇。要适时早排场，出菇期到来15天以上进棚排场，以防排场操作振动提前出菇。⑥振动催蕾敏感，要尽量减少搬动，以防原基发生过多而菇体变小。3月底前接种的菌棒，要严防5~6月份寒潮降温期的搬动或拍打，否则会在温度不适的春末、夏初形成劣质菇。⑦低温季节要及时提高棚内光照度和温度，有利于提高菇质。

**4. 产量品质**　高棚层架栽培，花厚菇每100千克干料产干菇8.6~11.7千克；低棚脱袋栽培普通菇每100千克干料产干菇9.2~12.8千克。产量分布相对均衡，第一、第二潮占产量的50%左右，第三潮后每潮占10%~15%。高棚层架栽培花菇率高，低棚脱袋栽培厚菇率高。鲜菇品质优，适合日本市场鲜菇销售。

子实体致密、耐贮存，贮存温度1℃~5℃。鲜菇口感嫩滑清香，干菇口感柔滑而浓香。

**5. 适栽地区和接种季节**　做高棚层架栽培花菇或低棚脱袋栽培普通菇。南方菇区2~7月份接种，10月份至翌年4月份出菇；北方菇区3~6月份接种，10月份至翌年4月份出菇。

## （七）241-4

**1. 形态特征**　子实体单生，菇型中等大，组织致密，朵形圆整，肉厚；菌盖棕褐色，直径6~10厘米，厚1.8~2.2厘米，有淡色鳞片，部分菌盖有斗笠状尖顶；菌柄黄白色，有弯头，质地中等硬，长3.4~4.2厘米，直径1~1.3厘米，有淡色茸毛；菌褶整齐。

**2. 培养特性**

（1）**温度**　菌丝生长温度为5℃~33℃，适宜温度25℃，出菇温度为6℃~20℃，最适出菇温度为12℃~15℃；原基形成不需要温差刺激，子实体分化时需8℃~10℃的昼夜温差刺激。中低温型迟熟型品种。

（2）**水分**　基质适宜初始含水量55%~60%；子实体形成基质

适宜含水量 50%～60%，空气相对湿度 85%～90%；段木栽培适宜含水量 35%～40%。

（3）pH 值　菌丝生长的 pH 值为 3～7，最适 pH 值 4.5～5.5。

**3. 栽培特性**

（1）**栽培周期**　春季栽培，秋冬季出菇。发育期 45～60 天，出菇期为 10 月份至翌年 4 月份，菇潮明显，间隔期 7～15 天。出菇菌龄 150 天以上；生产周期 11～14 个月。

（2）**抗逆性**　抗逆性强，不易受霉菌污染，夏季高温不易烂棒。

（3）**栽培技术要点**　①要适期接种，南方菇区 2～4 月份，北方菇区 3～5 月份。②接种孔菌丝长至 4～5 厘米时要及时散堆，增强供养，加速散热，避免烧菌。③需进行 2 次刺孔通气，菌丝生长变慢时要放"小气"，菌丝长满全袋 5～7 天后放大气，总的刺孔量 60～70 孔。④放气 7 天后排场，最迟不可超过 2 周。排场过迟会因排场的惊蕈作用而集中出菇，商品质量下降。⑤不可过早脱袋，否则易发生"假菇"。棚内连续 3 天最高气温在 16℃以下，同时有 50% 的菌棒出菇为脱袋适期。⑥不宜以拍打的方式刺激出菇。⑦补水的水温要低于气温 5℃～10℃。冬季要注意增加光照强度，提高棚内温度。

**4. 产量品质**　每 100 千克干料产干菇 9.3～11.3 千克。一潮菇占总产量的 40%～50%，二潮菇占 30% 左右，三潮菇占 10%～15%，四、五潮菇占 5%～10%。厚菇率高，品质优，含水量低，适宜干制香菇生产；鲜菇耐贮存性中等，贮存温度 1℃～5℃，口感嫩滑清香，干菇香味浓郁。

**5. 适栽地区和接种季节**　适宜各香菇产区栽培。接种季节南方菇区 2～4 月份接种，北方菇区 3～5 月份接种。

## （八）武香 1 号

**1. 形态特征**　子实体单生，中等大小，菇体致密；菌盖淡灰褐色，直径 5～10 厘米，表面有鳞毛；菌柄白色，长 3～6 厘米，直径 1～1.5 厘米，有茸毛。

**2. 培养特性**　发菌的适宜温度 24℃～27℃，出菇温度 5℃～30℃，菇蕾形成需要温差 10℃以上。

**3. 栽培特性**

（1）**出菇菌龄**　60～70 天。

（2）**栽培技术要点**　①在菌棒排场之前，需具备 3 个特征：瘤状隆起物占整个袋面的 2/3；手握菌袋时，瘤状物有弹性和松软感；出现少许棕褐色分泌物。②菌袋排场后约 1 周后，瘤状物基本长满菌袋，并约有 2/3 转为棕褐色时，即可脱袋。③吐黄水期间，经常通风喷水，菌棒含水量降至 40%～35% 时进行补水。

**4. 产量品质**　生物学效率平均 113% 以上。每 100 千克干料产干菇 9.3～11.3 千克。一潮菇占总产量的 40%～50%，二潮菇占 30% 左右，三潮菇占 10%～15%，四、五潮菇占 5%～10%。

**5. 优缺点**

（1）**优点**　抗逆性强，生长温度范围广，耐高温、出菇早、转潮快，菇形圆整、不易开伞，产量高、质量好，性质稳定，适宜高温季节栽培；商品外观好，36% 以上符合鲜香菇出口标准。

（2）**缺点**　高温、高湿和通风不足的环境下菌棒易感染杂菌；子实体发生量多，生长快，肉偏薄、菇柄长、易开伞。

**6. 适栽地区和接种季节**　适宜在低海拔（100～500 米）、半山区、小平原地区高温季节栽培，也适合在海拔更高的地区夏季栽培。南方地区 3 月下旬至 4 月中下旬制袋，6 月中下旬开始排场出菇；北方菇区 2 月上中旬至 3 月下旬制袋，5 月上中旬开始排场转色出菇。

## （九）赣香 1 号

**1. 形态特征**　子实体中大型，菌盖幼时深褐色，随着子实体的长大逐渐为浅褐色，直径 7～10 厘米，平展后 13 厘米，厚 1.5～2.2

厘米；菌柄长 3～5 厘米，直径 0.5～1 厘米。

**2. 培养特性** 菌丝生长的温度为 10℃～32℃，适宜温度为 25℃～26℃，耐最高温度 38℃达 1 天，耐最低温度 –10℃达 1 天；保藏温度 4℃。在适宜条件下，9 天长满 90 毫米培养皿。菌落匍匐、放射状，气生菌丝较少。

**3. 栽培特性**

（1）**温度** 菌丝培养期间要严格控制室温升高，室温在 22℃以上时需要疏袋散热；出菇温度 10℃～27℃，适宜温度为 15℃～22℃。

（2）**水分** 料水比 1∶1，菌丝生长适宜的空气相对湿度 60%～70%，出菇适宜空气相对湿度 85%～90%。

（3）**pH 值** 菌丝生长的 pH 值为 3～7，最适 pH 值 5.5～6。

（4）**光照和空气** 菌丝生理成熟后要有良好的通风及散射光环境，以促进菌袋转色。

（5）**抗霉性** 抗霉菌能力较强。

（6）**栽培周期** 发菌期 60 天，11 月下旬至翌年 4 月份出菇，出菇 5～6 潮。

（7）**栽培技术要点** ①料水比 1∶1，低于其他品种，含水量过高菌丝反而生长慢。②氧气不足时，发菌慢，转色推迟。③要及时补水，第一次补水至菌袋重量 1.9 千克，第二、第三、第四、第五次补水分别至菌袋 1.8 千克、1.7 千克、1.6 千克、1.5 千克。

**4. 产量品质** 生物学效率在 110% 以上，出菇均匀。

**5. 适栽地区和接种季节** 适宜在江西赣南、赣北香菇产区栽培；8 月下旬至 9 月下旬制袋接种，11 月中下旬至翌年 4 月份出菇结束。

## （十）金地香菇

**1. 形态特征** 子实体单生，少有丛生，组织致密；菌盖红褐色，扁平球形，稍平展，直径 12～16 厘米，厚 1～2 厘米，边缘有明显鳞片；菌柄长8～10厘米，直径0.5～1厘米；菌褶白色，致密。

**2. 培养特性** 菌丝生长的温度范围为5℃～35℃，适宜温度23℃～25℃，耐最高温度38℃1～2天，耐最低温度1℃1～2天。在适宜的条件下，8天长满90毫米培养皿。菌丝白色、致密，气生菌丝较发达，无色素分泌。

**3. 栽培特性**

（1）**温度** 脱袋后关闭大棚，保湿转色。温度保持在18℃～22℃，子实体生长适宜温度15℃～22℃。

（2）**pH值** 菌丝生长的pH值为3～7，最适pH值5.5～6.5。

（3）**栽培周期** 接种后70～80天出菇。

（4）**栽培技术要点** ①菌丝耐高温性较差，发菌期要严防高温烧菌。②转色期采用"人"字形排袋，大棚温度保持18℃～22℃，空气相对湿度80%～85%，给予散射光，每天早晨揭膜通风30分钟，促进菌膜形成和转色。③出菇期要少喷水、勤喷水，干湿交替，采收前2天停水，采后补水。

**4. 产量品质** 生物学效率为80%～95%。

**5. 适栽地区** 适合我国西南香菇产区栽培。

## （十一）森源1号

**1. 形态特征** 子实体中大型，多单生，少数丛生，菇形圆整，较致密；菌盖深褐色，圆形，直径4～7厘米，厚1～3厘米；菌柄白色，质韧，长1～4厘米，直径1～1.5厘米；菌柄长度与菌盖直径的比为1∶3。

**2. 培养特性** 菌丝生长的适宜温度为15℃～25℃，最适培养温度为23℃左右。在适宜的培养条件下，15天长满90毫米培养皿。菌落舒展，边缘整齐；菌丝白色，气生菌丝较发达，无色素分泌。

**3. 栽培特性**

（1）**温度** 菌丝生长温度5℃～35℃；子实体形成温度6℃～

20℃，适宜温度8℃～18℃，子实体可耐受最高温度30℃，最低温度5℃。菇蕾形成需要10℃左右的温差刺激。

（2）pH值　菌丝生长的pH值为3.5～7.5，最适pH值5～6。

（3）光照　对光照较敏感，应注意调控。光照不足易形成盖小、柄长的高脚菇，光照过强抑制子实体的分化。

（4）抗霉性　抗霉性较强，可与青霉、根霉、曲霉的菌落形成拮抗线。

（5）发菌期管理　适宜温度15℃～25℃，空气相对湿度80%左右。需根据菇场的地理条件和气候条件，对堆温的菇木采取调温、保湿、遮阴和通风等措施，为菌丝的定植和生长创造适宜的生活条件。

（6）栽培技术要点　①适宜段木栽培，砍伐断筒30天后接种。适宜接种期在11月份至12月上旬和2月中旬至3月底；接种后10个月开始出菇，喷水增湿刺激出菇；出菇季节在9月下旬至翌年5月份，收获期3～5年。②对温湿差和振动刺激反应敏感，过强振动容易出菇过多而导致个体小。③环境偏干和昼夜温差有利于花菇形成。

**4. 产量品质**　每立方米段木产干菇25千克以上。花菇率高，子实体生长温度范围广。

**5. 适栽地区和接种季节**　适宜在湖北及相似生态区栽培；接种季节在11月份至12月上旬和2月中旬至3月底。

## （十二）森源10号

**1. 形态特征**　子实体中大型，单生，菇形圆整，柄短盖大；菌盖浅褐色，直径4～8厘米，厚1～3厘米；菌柄白色，质地紧实，有弹性，长1～3厘米，直径1～1.5厘米，菌柄长与菌盖直径的比为1：4。

**2. 培养特性**　菌丝最适培养温度为23℃，生长温度为5℃～35℃。在适宜的培养条件下，16天长满90毫米培养皿。菌落舒展，边缘整齐；菌丝白色，较致密，茸毛状，气生菌丝较发达，无色素分泌。

**3. 栽培特性**

（1）**培养料配方** 阔叶树种木屑81%，麦麸17%，糖1%，石膏1%，段木栽培适宜树种为栎树、桦树等。

（2）**温度** 菌丝生长的适宜温度为15℃～25℃。子实体形成的温度为6℃～20℃，适宜温度8℃～18℃，子实体可耐受的最高温度30℃。菇蕾形成需要10℃左右的温差刺激。属中熟低温干制品种。

（3）**pH值** 菌丝生长的pH值为3.5～7.5，最适pH值5～5.5。原基形成和子实体发育最适pH值3.5～4.5。

（4）**光照** 对光照较敏感，应注意调控。光照不足易形成盖小、柄长的高脚菇，光照过强抑制子实体的分化。

（5）**抗霉性** 抗霉性较强，可与青霉、根霉、曲霉的菌落形成拮抗线。

（6）**栽培周期** 段木栽培适宜接种期为11月份至12月上旬和2月中旬至3月底，10个月开始出菇，出菇季节在10月份至翌年5月份，收获期3～5年。

（7）**栽培技术要点** ①袋料栽培的适宜碳、氮比为30∶1左右，碳、氮比过高推迟出菇。②袋料栽培基质初始适宜含水量55%～58%，发菌期适宜空气相对湿度在70%以下。原基形成和菇蕾生长期适宜空气相对湿度90%，空气相对湿度70%以下易形成花菇。

**4. 产量品质** 袋料栽培每千克干料产干菇150克左右，段木栽培每立方米段木产干菇25千克以上。抗逆性强，接种成活率高，菇潮明显，不易开伞，保鲜期长。

**5. 适栽地区和接种季节** 适宜在湖北及相似生态区冬、春季袋料和段木栽培。袋料栽培适宜接种期为1～4月份；段木栽培适宜接种期为11月份至12月上旬和2月中旬至3月底。

### （十三）森源 8404

**1. 形态特征** 子实体中大型，多单生，菇形圆整，朵大肉厚、柄短；菌盖茶褐色，直径 5～8 厘米，厚 1～3 厘米；菌柄白色，质地韧，长 1～4 厘米，直径 1～1.5 厘米，有少量茸毛，长度与菌盖直径比为 1:4。

**2. 培养特性** 菌丝生长的温度为 5℃～35℃，最适培养温度 22℃左右，在适宜的培养条件下，17 天长满 90 毫米培养皿。菌落均匀、舒展，边缘整齐；菌丝白色、茸毛状，较致密，气生菌丝较发达，无色素分泌。

**3. 栽培特性**

（1）**温度** 菌丝生长的适宜温度 15℃～25℃。子实体形成的温度为 6℃～18℃，适宜温度 10℃～18℃，子实体最高耐受温度 30℃，菇蕾形成需要 10℃左右的温差刺激。

（2）**pH 值** 菌丝生长的 pH 值为 3.5～7.5，最适 pH 值 5～6。

（3）**抗霉性** 可与青霉、根霉、曲霉的菌落形成拮抗线。

（4）**栽培周期** 段木栽培，10 月下旬至 11 月份接种，第二年 10 月份开始出菇，出菇至第三年 4 月份。收获期 4～6 年。

**4. 产量品质** 菇形圆整、柄短，花菇、厚菇率高。

**5. 适栽地区和接种季节** 适宜在湖北及相似生态区栽培，接种时间在 11 月份至 12 月上旬和 2 月中旬至 3 月份。

### （十四）香 九

**1. 形态特征** 子实体单生，菇型中等，菇盖直径在 7～11 厘米，菌盖较薄、扁半球形，有鳞片。

**2. 栽培特性**

（1）**栽培方式** 段木栽培。

（2）**温度** 菌丝生长温度为 10℃～31℃，适宜温度 22℃～28℃，最适生长温度 26℃；适宜的出菇温度 20℃～30℃。低温或变温对子实体的形成具刺激作用，出菇前遇上 0℃左右的低温或降雪，之后转暖，或忽冷忽热天气，或昼夜温差较大的气候条件都会形成优质花菇或厚菇。

（3）**水分** 发菌阶段适宜菇木含水量 40%～50%，含水量 20%以下菌丝停止生长，场地宜四成湿六成干，湿度过大，菇木易生杂菌。菇场适宜空气相对湿度 65%～70%，不宜超过 80%。

（4）**栽培技术要点** 11 月份至翌年 2 月份砍伐，干燥 10～30 天；春季日平均温度 10℃左右的季节接种；接种后堆放注意调节干湿度，防治杂菌、虫害等。架木期适宜空气相对湿度 75%～90%。直径在 20 厘米以内的菇木可产菇 6 年左右，以第二、第三年产量最高。

**3. 产量品质** 段木栽培生物学效率为 20%～25%。

**4. 适栽地区和接种季节** 适宜在华南、华中地区冬、春季栽培。

## （十五）杂香 26 号

**1. 形态特征** 子实体群生，菇型中小型，匀称；菌盖深褐色、较厚，直径 8～11 厘米，有鳞片，卷边，含水量低，柄细短。

**2. 栽培特性**

（1）**基质配方及营养要求** 采用蔗渣基质栽培。配方为：蔗渣 77.5%，麦麸 20%，石膏 1.5%，尿素 0.5%，磷酸二氢钾 0.3%，硫酸镁 0.2%，料水比 1∶1.4～1.5。对半纤维素、纤维素及木质素的降解能力较强，蔗渣等废料利用效率高。

（2）**温度** 菌丝生长的温度范围为 6℃～32℃，适宜温度 22℃～28℃，最适生长温度 25℃；适宜出菇温度 20℃～30℃，30℃左右可正常出菇。属广温耐高温型品种。

（3）**水分与湿度** 基质含水量 50%～70%，最适为 60%，菇场空气相对湿度 80%～90%。

（4）**生产周期** 90 天左右。

**3. 适栽地区和接种季节** 适宜在我国南方地区每年 9 月份至翌年 6 月份的春、秋、冬季栽培。

## （十六）华香8号

**1. 形态特征** 子实体单生，中大型，菌肉厚实、较软，菌盖深褐色，半扁球状，直径5～10厘米，一般5～7厘米，厚1.5～2厘米，一般1.8厘米，表面有鳞片；菌柄白色、有韧性，长3～6厘米（视通风情况而不同），一般3～4厘米，粗1.3～2厘米，有浅白色鳞片。

**2. 培养特性** 菌丝生长的温度为5℃～32℃，适宜温度23℃～26℃，耐最高温度35℃达2天，耐最低温度0℃达2天；保藏温度2℃～4℃。在适宜的培养条件下，11天长满90毫米培养皿。菌落絮状、均匀，正面浅白色，背面浅黄白色，气生菌丝较发达，无色素分泌。

**3. 栽培特性**

（1）**培养料配方** 木屑79%～81%，麦麸18%～20%，石膏1%，蔗糖1%，含水量56%～58%。

（2）**温度** 子实体形成的温度为6℃～24℃，适宜温度13℃～20℃，属中温型品种。基质中菌丝可耐最高温度38℃4小时。

（3）**pH值** 菌丝生长的pH值为4～8，适宜pH值5～7，最适pH值5.5～6.5。

（4）**光照与空气** 转色期需散射光刺激，出菇阶段需要较强的散射光；发菌期菌袋需刺孔增氧，出菇期氧气不足会导致菌盖小、柄长等畸形菇发生。

（5）**催蕾方法和条件** 需要8℃以上的温差刺激持续3～5天。

（6）**栽培周期** 秋栽生产周期为9～10月份，即8月份接种，自然温度条件下菌丝35～45天长满菌袋，当年秋、冬季至翌年4月份出菇，出菇4～5潮，菇潮间隔15～20天。

（7）**栽培注意事项** 需格外注意转色要适度，转色深浅都显著影响栽培效果。

一旦转色过深，要先刺孔排水，菌袋变轻后再补水，同时进行振动及温差刺激催菇。

**4. 产量品质**　生物学效率可达85%～100%，在较高的管理水平下，生物学效率可达90%～110%，一潮菇占总产量的30%左右，二潮占30%，三潮占20%左右，以后占20%。

主要优点是菌龄短、出菇快；子实体单生为主，菌盖较大、肉厚，不易开伞，柄短，商品菇比率高。主要缺点是转色较浅时子实体发生较多，商品性下降。

**5. 适栽地区和接种季节**　适宜秋栽脱袋立地出菇，以鲜销为主。湖北地区适宜8月中旬至9月上旬接种，10月份至翌年4月份出菇。

## （十七）华香5号

**1. 形态特征**　子实体单生或丛生，中大型，菌肉较致密；菌盖浅黄褐色、圆整，直径4～12厘米、一般5～7厘米，厚1.2～1.9厘米、一般1.6厘米，表面有鳞片，中部较平或微弧形，边缘内卷；菌柄浅棕、中粗、有韧性，长3～7厘米，一般3～4厘米，粗1～1.8厘米，有鳞片。

**2. 培养特性**　菌丝生长的温度为5℃～32℃，适宜温度23℃～26℃，耐最高温度35℃达2天，耐最低温度0℃达2天；保藏温度2℃～4℃。在适宜的培养条件下，12天长满90毫米培养皿。菌落均匀平整、较致密，表面白色，背面浅黄白色，气生菌丝较少，无色素分泌。

**3. 栽培特性**

（1）**培养料配方**　木屑81%，麦麸18%，石膏1%，含水量55%～58%。

（2）**温度**　菌丝生长的温度为5℃～35℃，适宜温度20℃～27℃，最适温度25℃～26℃；子实体形成的温度为5℃～24℃，适宜温度为10℃～20℃，属中温型品种。基质中菌丝可耐最高温度38℃4小时。

（3）**pH值**　菌丝生长的pH值为4～8，适宜pH值5～7，最适 pH 值 5.5～6.5。

（4）**光照与空气** 转色期需散射光刺激，出菇阶段需要较强的散射光；发菌期菌袋需刺孔增氧，出菇期氧气不足会导致菌盖小、柄长等畸形菇发生。

（5）**催蕾方法和条件** 催蕾需要 8℃以上的温差刺激持续 3～5 天。

（6）**抗霉性** 抗霉性中等偏弱，发菌期间温度偏高会导致木霉和黄曲霉等杂菌侵染，出菇期间高温高湿菌袋易被木霉等杂菌侵染。

（7）**栽培周期** 湖北地区春栽的生产周期为 13～14 个月，2～3 月份接种，自然温度条件下 45～60 天完成发菌；6～7 月份高温来临前完成转色，室外搭荫棚越夏；当年秋、冬季至翌年 4 月份出菇，可出 4～5 潮菇，菇潮间隔 15～30 天。湖北地区秋栽应在 7 月底至 8 月初接种，11 月中旬至翌年 4 月份出菇。

（8）**栽培注意事项** ①发菌期温度不可过高，应保持在 28℃以下，长时间的 30℃以上环境后期易污染杂菌、降低产量。②转色宜中等偏深，转色浅则菇蕾丛生，个体小；转色过深则菇蕾少，产量低。③子实体发生较多时，应适当疏蕾，每袋留 10～20 个子实体为宜，以便培育优质干香菇。④每采完一潮菇后均需补水，补至前一潮菇出菇前菌袋重量的 90%～95%。

**4. 产量品质** 袋料栽培的生物学效率可达 80%～100%，在较高的管理水平下，生物学效率可达 90%～110%，一潮菇占总产量的 30% 左右，二潮占 30%，三潮占 20% 左右，以后占 20%。

主要优点是出菇密度适中，易于生产管理；主要缺点是菌柄偏长，高温时开伞较快。

**5. 适栽地区和接种季节** 适宜在各香菇种植区栽培；适宜春栽，越夏后，秋冬季至翌年春季出菇。

## （十八）L952

**1. 形态特征** 子实体单生，中大型，菌肉紧实，低温干燥时易形成花菇；菌盖深褐色，半扁球状，直径4～9厘米，一般5～8厘米，厚1.4～1.8厘米，一般1.6厘米，表面有鳞片；菌柄浅褐色、长2～5厘米（视通风情况而不同），一般2～4厘米，粗1.2～1.8厘米，有浅褐色鳞片。

**2. 培养特性** 菌丝生长温度5℃～32℃，适宜温度23℃～26℃，耐最高温度35℃达2天，耐最低温度0℃达2天；保藏温度2℃～4℃。在适宜培养条件下，14天长满90毫米培养皿。菌落较致密、均匀，正面浅白色，背面浅黄白色，菌丝贴生、健壮，气生菌丝较少，无色素分泌。

**3. 栽培特性**

（1）**栽培方式和营养要求** 适宜段木栽培，栓皮栎、麻栎、青冈栎、枫杨、枫香等树种均可。适宜干花菇和干厚菇生产。

（2）**温度** 菌丝生长温度5℃～35℃，适宜温度20℃～27℃，最适温度23℃～26℃；子实体形成的温度为5℃～22℃，适宜温度为10℃～18℃，属中低温型品种。菌丝体最高可耐36℃12小时。

（3）**水分** 发菌期适宜段木含水量40%～50%，空气相对湿度60%～70%；子实体形成期适宜的菇木含水量45%～50%，空气相对湿度80%～90%。

（4）**pH值** 菌丝生长pH值3～7，适宜pH值4～6，最适pH值为4.5～5.5。

（5）**抗霉性** 抗杂菌能力较强；高温高湿季节出现少量硫磺菌和云芝等多孔菌类杂菌侵染。

（6）**栽培周期** 2月份至3月下旬接种，12月底至翌年3月初出报信菇，第二年秋和第三年为产菇盛期。

（7）**催蕾方法和条件** 子实体形成需要8℃以上较大温差刺激3～5天；同时需要浇水增加菇木含水量，形成干湿差刺激。

（8）**栽培注意事项** ①要选择壳斗科、桦木科、金缕梅科等阔叶树种作菇树，段木含水量降至40%～50%接种，含水量过高或过低菌种均不易定殖。②接种宜早不宜晚，2月份至3月下旬点种，清明节前过定植关。③做好越夏发菌管理，以护皮、防杂为主要管理目标。④出报信菇表示菇木成熟，要及时架木进入出菇管理；出菇期遇干旱要及时补水，以利整齐出菇。

**4. 产量品质** 第二年和第三年为产菇盛期，直径 10 厘米、长1.2 米的栎树菇木累计可产干菇 0.5 千克，其中第二年和第三年约各占总产量的 40%。主要优点是菌丝定植力强，定植快，接种成活率高；子实体较大、柄短，肉肥厚，商品菇率高。主要缺点是当年只产少量报信菇。

**5. 适栽地区和接种季节** 适宜在湖北大洪山、大别山、桐柏山、河南伏牛山、陕西大巴山、秦岭等山区菇树丰富地区种植。适宜点种时间为 2 月份至 3 月下旬。

## （十九）菌兴 8 号

**1. 形态特征** 子实体单生或丛生，大型，肉厚而致密；菌盖棕褐色，直径 4～7 厘米，菌肉厚 1.5～2 厘米，少茸毛；菌柄较短、平均长 4～7 厘米；子实体开膜迟，产孢晚。

**2. 培养特性** 菌丝生长的温度为 5℃～35℃，适宜温度 23℃～25℃。在适宜培养条件下，10 天长满 90 毫米培养皿。菌落白色，呈同心圆状，内圈菌丝较稀，外圈较浓密，气生菌丝多而浓密，分泌少许棕黄色色素。

**3. 栽培特性**

（1）**基质和营养要求** 主要利用杂木及果树枝条等，也可添加部分棉籽壳、玉米芯、玉米秸等农业副产物，主要辅料有麦麸、米糠、石膏。

（2）**温度** 子实体形成的温度为 10℃～32℃，适宜温度为 18℃～23℃。属中高温型品种，适宜作夏菇栽培。

（3）**水分** 菌丝体生长适宜的基质含水量 60%～65%，空气相对湿度 60%～70%；子实体形成期适宜的基质含水量 52%～60%，空气相对湿度 85%～95%。

（4）**pH 值**　菌丝体生长的 pH 值为 3～7，最适 pH 值 4.5～5.5。

（5）**光照和空气**　光照对菌丝体生长具有一定的抑制作用，子实体的发生和生长则必须有适宜的光照，黑暗条件下子实体不能分化。较强散射光与低温同时存在有利于形成肉质肥厚、柄短、盖面颜色深的优质香菇。子实体对二氧化碳有较好的耐性。

（6）**催蕾方法和条件**　加大昼夜温差、湿差及惊蕈都具有催蕾作用，特别是温差在 5℃以上作用更显著。

（7）**栽培周期**　发菌完成后不需后熟即可出菇，出菇菌龄60～65 天，栽培周期为 180 天。

（8）**栽培注意事项**　①应根据当地的海拔、纬度情况选择适宜的接种期，适度早接种利于提高栽培效益。②适当增加麦麸及矿物质，适当降低培养料的含水量利于提高抗逆性，获得高产。③发菌初期的低温季节要注意增温，以达到 16℃为佳。发菌期至少给予1～2 次的刺孔通气，并翻堆，以促转色均匀。④菌丝生理成熟后，对温差、湿差及振动等刺激十分敏感，如果不宜出菇的气候，应尽量避免菌棒刺激。

**4. 产量品质**　一般栽培条件下，生物学效率为 90% 左右。主要优点是产量高而稳定，抗逆性强，适应性广，多数产区都可应用，夏季烂棒率低；菌龄短，出菇菌龄仅 60 天，便于安排生产；菇体大、肉厚、肉质致密，出口菇比例高。主要缺点是转色较慢，栽培中要注意防止转色不完全而烂棒。

**5. 适栽地区和接种季节**　适宜在各香菇主产区栽培。适宜接种时间为 1～4 月份，出菇期为 4～11 月份。

## （二十）L9319

**1. 形态特征**　子实体大型、单生；菌盖幼时褐色，渐变黄褐色，菌盖颜色随湿度而变化，湿度高时为黄褐色，湿度低时为浅褐色；菌盖扁半球形，直径 5～8 厘米、一般 4～6 厘米，厚 1.3～2.2厘米一般 2 厘米，平顶，边缘内卷，有白色鳞片且边缘多中间少。

菌柄白色，长 6～9 厘米，基部稍细，质地较硬，茸毛较多；菌褶白色、较密。

**2. 培养特性** 菌丝长势较旺，色白，爬壁良好。菌丝生长的温度为 5℃～35℃，适宜温度 25℃；保藏温度 4℃～6℃。在适宜培养条件下，10 天左右长满 90 毫米培养皿。菌落均匀、舒展，边缘整齐；菌丝白色、较致密，气生菌丝较发达，随着培养时间增长，分泌红褐色色素。

**3. 栽培特性**

（1）**营养要求及培养料配方** 利用阔叶树木屑栽培生产。配方为杂木屑 83%，麦麸 16%，石膏粉 1%，含水量 50%。

（2）**温度** 菌丝生长的温度为 5℃～35℃，最适生长温度 25℃左右；出菇温度为 12℃～34℃，适宜温度为 15℃～18℃。属高温型品种。

（3）**水分** 菌丝体生长适宜的基质初始含水量 50%～55%。

（4）**pH 值** 菌丝生长最适 pH 值 5～6。

（5）**抗霉性** 抗霉性较强，发菌中菌丝能够覆盖黄曲霉菌落。栽培中烂棒较少。

（6）**栽培周期** 12 月份接种，15 厘米×55 厘米的菌袋 35～45 天完成发菌，翌年 6 月份开始出菇，生产周期 330 天左右；如果 2 月份接种，采收到 11 月份结束，生产周期 270 天左右。

（7）**栽培注意事项**

第一，要根据当地气候条件和出菇季节合理安排接种季节。在浙江丽水地区，高温香菇要求在 6 月份开始出菇；海拔 500 米以下的地区，适宜接种期为 12 月份至翌年 2 月份，宜采用地栽覆土方式；海拔高的地区可以适当推迟；在北方，L9319 整个夏季都能出菇，接种季节可以提前至 10 月份，中原地区适当推后。

第二，接种季节气温较低，发菌早期菌袋要紧密排放，覆盖薄膜保温增温，甚至加温培养。要适当通气，菌丝圈将要相连时，进行第一次通气，用 1 寸铁钉在每个接种孔四周刺 4 个孔，深度在 1

厘米以内，双袋栽培法这时脱去外套袋；菌丝布满全袋，表面出现部分白色瘤状物突起时，进行第二次通气，采用1寸铁钉在每棒刺孔20个左右；排场脱袋前刺孔50个左右，孔深1.5厘米，进行第三次通气。最后1次刺孔通气改变菌棒码放方式，降低堆高，三角形码放，加强通风，降低堆温。

第三，大部分菌棒转色时安排排场脱袋。脱袋排场选择气温较低的早晨进行，脱袋后及时喷水，以后每天喷水1～2次，待全部转色后，菌皮转硬后覆土。

第四，覆土后要设法拉大昼夜温差催蕾，利用夜间温度自然下降结合喷1次冷水，昼夜温差可以拉大到10℃以上，经连续3～5天的温差刺激，菌棒会出现不规则的白色花斑纹，并形成原基，发育成菌蕾。

第五，菇棚遮阴度要达到90%，保持菇棚卫生和水源清洁，加强通风，温度过高时中午沟灌，早、晚排干，以确保安全越夏。

第六，夏季过后的早秋，菌棒要及时补水，菇蕾形成后要注意降温，提高畦沟水位，继续早、晚喷水降温增湿。

第七，夏季子实体易开伞，每天早、晚各采收1次，六七成熟时采收。采收后要加大通风，养菌5～7天。

**4. 产量品质**　产量与气温密切相关，低海拔栽培生物学效率70%左右，海拔500米以上的地区生物学效率可达90%。根据管理不同，产量分布有变化。5～6月份出第一、第二潮，约占总产量的30%～40%；9～11月份出第三潮菇，约占总产量的60%～70%。

主要优点是菇大、圆整、质地结实、色泽好，贮存温度4℃～6℃，较耐贮藏，货架期长；主要缺点是菌龄较长、菌柄较同是高温品种的武香1号稍长。

**5. 适栽地区和接种季节**　适宜在各香菇主产区栽培，适宜接种期南方菇区为11月份至翌年3月份，出菇期5～11月份；北方菇区为10～12月份，出菇期为5～11月份。

## （二十一）L808

**1. 形态特征** 子实体单生、大型、肉厚、质地结实；菌盖幼时深褐色，渐变黄褐色和深褐色，温度低、含水量大时色泽较深，呈褐色，温度高、含水量低时色泽较浅，呈黄褐色；菌盖扁半球形，直径3～7厘米，一般5～7厘米，厚1.4～2.8厘米，一般2.5厘米，平顶，部分下凹，边缘内卷，表面有较多白色鳞片，中间少，边缘多，呈明显的同心环状；菌柄粗短、茸毛多、质地实，基部较细，中部到顶部膨大，冬天长3～5厘米、粗1.5～3.5厘米，春天长6厘米、粗1～2.7厘米，一般1.5厘米。

**2. 培养特性** 菌丝生长的温度为5℃～33℃，最适温度25℃，保藏温度2℃～6℃。在适宜的培养条件下，10天左右长满90毫米培养皿。菌落较致密，表面白色，背面初始白色，后期黄白色，气生菌丝较发达，随着培养时间增长，分泌红褐色色素。

**3. 栽培特性**

（1）**营养要求及培养料配方** 根据接种期的不同，合理添加麦麸：5月上旬至6月上旬接种麦麸含量18%，8月上旬至9月上旬接种麦麸含量15%。

（2）**菌棒制作** 基质含水量要稍高于L939才能获得高产，适宜基质含水量55%左右。可夜间至凌晨开放式接种。

（3）**发菌管理要求** 发菌管理的重点是刺孔通气和防止高温闷棒。发菌期需要3次刺孔通气，前2次刺孔通气的具体方法与L9319相同。第三次通气在排场脱袋7～10天前进行，沿纵向刺孔4排，每排10～12孔，孔深1.5厘米，温室超过30℃要禁止刺孔；菌棒堆放密度较高的培养室，在气温较高时要分批刺孔，防止烧堆；杂菌较多的培养场地刺孔前要用50%多菌灵可湿性粉剂800倍液喷雾，以防刺孔后杂菌感染。

（4）**栽培周期** 在温度20℃～30℃发菌条件下，8月上旬接种，35～45天完成发菌，12月初开始出菇，翌年5月份出菇结束，整个生产周期 9 个月。

（5）**栽培技术要点** ①菌丝生理成熟即可转色，并出现菇蕾。需要在气温 20℃以下的阴天脱袋排场，并随手盖膜保湿，2 天后，每天通风喷水 1 次。对于第一批出菇不多、转色偏深、菌皮偏厚的菌棒，要及时盖膜保温保湿催蕾，使堆内温度升到 20℃左右，并保持 3 天，堆内温度超过 22℃时，及时掀膜通风降温。②春季要及时补水，促使菇蕾发生；抓转潮管理，缩短每潮的养菌时间，多出菇。③防高温高湿，预防烂棒和霉菌的发生。

**4. 产量品质** 8 月上旬制棒，生物学效率 80%～100%，较高的管理水平下，生物学效率可达 120%。年前冬菇出菇 1～2 潮，占总产量的 30%～40%，春菇产量较高，产量占 60%～70%。10 月份接种，翌年 3～4 月份出第一潮菇，5 月份出第二潮菇结束，一潮菇占总产量的 70% 左右，二潮菇占 30% 左右。

主要优点是菇体大、圆整、美观，质地结实，柄短，适合鲜销。贮存温度 1℃～2℃，较耐贮藏，货架期长，商品性好，较其他品种售价高。主要缺点是菌龄较长、出菇温度较 939 等品种偏高 2℃～3℃，在长江流域冬菇比例仅 40% 左右，低于 L939、L868 等品种。

**5. 适栽地区和接种季节** 应根据当地气候条件合理安排栽培季节。在浙江丽水地区，海拔 500 米以下的地区，适宜接种期为 8 月上旬至 9 月上旬；海拔 500 米以上的地区，适宜接种期为 5 月上旬至 6 月上旬，越夏后出菇，越夏出的菇较秋季接种出的菇菌柄短、菇形好。在东北、华北夏季气温不超过 32℃的地区，5 月上旬至 6 月上旬接种，可以获得优质高产的香菇；下半年接种，当年产量不高，效果不好。

## （二十二）申香 15 号

**1. 形态特征** 子实体单生，朵形圆整、菌肉厚实；菌盖褐色，直径 4.5～8 厘米（平均 6.4 厘米），厚 1.3～2.6 厘米（平均 1.8 厘米），表面布满白色鳞片；菌柄柱状或者漏斗状，质地紧实，长

2.8～6.5 厘米（平均 4.1 厘米），直径 0.9～2.6 厘米（平均 1.4 厘米），有淡色纤毛，菌盖直径与菌柄长度比约为 1.63，整体特征属菇大、柄短型。

**2. 培养特性**　菌丝生长的温度为 10℃～30℃，最适温度 25℃，耐最高温度 35℃左右；保藏温度 4℃左右。在适宜的培养条件下，13 天长满 90 毫米培养皿。菌落平整，正、反面均为白色，菌丝较致密，气生菌丝较少，不分泌色素。

**3. 栽培特性**

（1）**培养料配方**　木屑 78%，麦麸 20%，糖 1%，石膏 1%，含水量 55%～60%。

（2）**温度**　菌丝生长的适宜温度为 20℃～25℃，出菇的适宜温度 10℃～20℃。属中温型晚熟品种。

（3）**出菇菌龄**　180 天左右。

（4）**栽培注意事项**　发菌期需氧量大，需刺孔 3 次，刺孔量不少于 80 个，否则易引起头潮假菇；菌丝恢复能力强，养菌期短。

**4. 产量品质**　生物学效率 72% 左右。菌肉厚实，耐贮存，鲜菇口感嫩滑清香，适于鲜销。

**5. 适栽地区和接种季节**　适宜在浙江、福建、河南、云南地区春栽。浙江丽水适宜接种期在 4 月中下旬，河南 2～3 月份为接种适期，云南较冷凉地区可周年接种栽培。

## （二十三）申香 16 号

**1. 形态特征**　子实体单生，菇形圆整，菌肉厚实；菌盖黄棕色，直径 6～9 厘米，表面布满白色鳞片；菌柄细、柱状，长 3～5 厘米，表面有纤毛，菌盖直径与菌柄长度比为 1.6～1.8，属短柄型；菌褶白色，排列规则。

**2. 培养特性**　菌丝生长的温度为 10℃～30℃，最适温度 25℃，耐最高温度 35℃；保藏温度 4℃左右。在适宜的培养条件下，13 天长满 90 毫米培养皿。菌落平整，正、反面均为白色，菌丝较致密，气生菌丝较少，不分泌色素。

**3. 栽培特性**

（1）**温度**　发菌期适宜温度为20℃～25℃，出菇适宜温度10℃～22℃。属中温中熟型品种。

（2）**出菇菌龄**　75天左右。

（3）**催蕾条件**　需要6℃～8℃的昼夜温差刺激。

**4. 产量品质**　8月中下旬接种，11月上旬至翌年4月份为出菇期，在浙江和云南等地栽培平均产744克/棒，生物学效率82.3%，优质鲜销菇比例达28%。菌肉结实，耐贮存，鲜菇口感嫩滑清香，鲜销、干制均宜。

品种主要优点：菌棒抗逆性较好，易转色；转色快、色深、均匀；子实体单生，菇形好；转潮快、产量高、易管理。

**5. 适栽地区和接种季节**　适宜在浙江、河南、云南地区秋栽。浙江菇区制袋适期为8月中下旬，云南可周年制袋、周年栽培。

## （二十四）庆科20

**1. 形态特征**　子实体单生，菇形圆整；菌盖淡褐色、平整，直径2～7厘米，厚0.5～1.5厘米，组织致密，鳞片较少；菌柄长2.8～4厘米，直径0.8～1.3厘米，比亲本短而小。

**2. 栽培特性**

（1）**营养需求及培养料配方**　对麦麸等氮源的需求量大，适宜培养基配方为：杂木屑73%，麦麸25%，红糖1%，石膏粉1%，含水量65%左右。

（2）**温度**　属中温偏低型中熟品种。菌丝生长的温度5℃～32℃，适宜温度23℃～26℃；出菇温度8℃～22℃，适宜温度14℃～18℃。原基形成不需要温差刺激，子实体分化需6℃～8℃的昼夜温差刺激。

（3）**水分**　培养基水分含量以60%～65%为宜，子实体形成期间空气相对湿度85%～90%。

（4）**pH值**　菌丝体生长的pH值3～7，以pH值4.5～5.5为

最适。

（5）**光照和空气**　菌丝体生长不需光照，强光能抑制菌丝生长，但二氧化碳浓度高、氧气少，不利于菌丝体生长，要求菌丝培养时期适量通风供氧；子实体形成要求空气新鲜流通和散射光照。该品种子实体在较强的光照条件下，柄短肉厚，菇质优，并易形成花菇。

（6）**抗逆性**　该品种抗逆性强，栽培中在控制好温度、含水量和通风的情况下，不易受霉菌污染，夏季高温不易烂棒。

（7）**出菇菌龄**　90天左右。

（8）**栽培周期**　春、夏栽培，秋、冬出菇。接种后45～60天发菌，出菇期为10月份至翌年4月份，出菇菌棒及时疏蕾，每棒留菇蕾数少于4个时，菇潮不明显，可连续出菇；菌棒未疏蕾，留菇蕾数多的，则有菇潮，间隔期7～15天。

（9）**栽培技术要点**　①用足麦麸，配方中麦麸含量要达到20%。②加足水量，培养料含水量要达到60%～65%，每袋菌棒重1.9～2.1千克（15厘米×55厘米栽培袋）。③发菌管理过程中视发菌情况要进行2～3次刺孔通气，总孔数70左右（要求均匀分布）。④排场要适期，秋季最迟应在出菇期来临的15天前将菌棒进棚排场，减少机械振动，否则易导致大量原基形成、分化和集中出菇，菇体偏小。⑤出菇菌棒要及时疏蕾，每棒留菇蕾数少于4个的时候，菇潮不明显，可连续出菇。⑥低温时应及时稀疏菇棚顶部及四周的遮阴物，提高棚内光照度和温度，有利于提高出菇质量。

**3. 产量品质**　春栽生物学效率141%，秋栽生物学效率118%。出菇产量分布相对均衡，第一、第二潮菇合占总产量的50%左右，第三潮菇后每潮占10%～15%。栽培性状稳定、产量高、品质优、商品性好、抗逆性较强、适应性广。适宜高棚层架栽培花菇和低棚脱袋栽培普通菇。

鲜菇子实体致密、耐贮存；干香菇的含水量小于13%，在1℃～5℃的低温下极耐贮藏。该品种栽培花菇，花菇率44.7%；栽培普通菇，厚菇率高；制干菇折干率高。花菇折干率为 4.3～6.1：1，普通菇折干率为 8.1～9.6：1，收缩率为 28.5%～34.3%；总糖含量 43.29%，氨基酸总量 20.28%。鲜食口感鲜嫩。

**4. 适栽地区和接种季节**　适宜在各香菇主产区作高棚层架栽培花菇或低棚脱袋栽培普通菇；南方菇区 2～7 月份接种，10 月份至翌年 4 月份出菇；北方菇区 3～6 月份接种的通常在 9 月份至翌年 6 月份出菇，8～9 月份接种的通常在翌年 4～10 月份出菇（7 月份不出菇）。

## （二十五）农香 2 号

**1. 形态特征**　子实体单生，菇形圆整；菌盖棕黄色，平均直径 5.3 厘米，平均厚 2 厘米，空间湿度大时表面光滑，湿度适宜时菌盖表面布满鳞片；菌柄白色、近柱状，平均长 4.5 厘米，平均直径 1.2 厘米，较光滑或有少量白色毛鳞片。

**2. 培养特性**　菌丝的生长温度为 10℃～35℃，适宜温度 25℃～30℃，耐最高温度 40℃，耐最低温度 0℃；保藏温度 4℃左右。在适宜的培养条件下，10 天长满直径 90 毫米培养皿。菌落舒展、边缘较整齐，正、反面均为白色，菌丝洁白、浓密，气生菌丝较发达，在不良的培养条件下有褐色分泌物。

**3. 栽培特性**

（1）**培养料配方**　木屑 78%，麦麸 20%，石膏 2%，pH 值为 5，秋、冬季节含水量 62%，春、夏季节含水量 58%。

（2）**发菌期管理**　菌丝长至 4～6 厘米时进行第一次翻堆，4 棒一组，呈"井"字形排列，堆高 90 厘米，置阴凉通风处；当长至菌棒 1/2 时进行第二次翻堆；当菌丝长满棒后进行打孔放气。

（3）**转色管理**　当接种穴四周出现不规则隆起，并出现褐色色斑时，可搬入栽培棚进行"炼筒"，2～3 天后，控制温度在 19℃～23℃、空气相对湿度 70%、光照 300～500 勒进行脱袋转色处理。可进行靠架式栽培和覆土栽培，若进行覆土栽培，可进行覆土转色或是用薄膜覆盖转色，覆土转色完要用清水将表层的土清洗掉，用薄膜覆盖转色时每天通风 1～2 次。

（4）**催蕾方法**　8℃以上温差刺激，保持空气相对湿度 90%。

（5）**出菇菌龄**　70 天左右。发菌期 40～50 天，后熟期约 20 天。

（6）**菇潮间隔期管理**　采完第一潮菇 20 天以后适时补水，并注意保温使菌丝恢复，当菇蕾冒出时，经 3～4 天此潮菇结束。一般出菇 4～5 潮。

（7）**栽培注意事项**　①该品种为中低温早熟品种，各地区应根据当地气候和海拔高度确定栽培时间。②在菌丝培养阶段注意防止温度过高发生烧菌或是突然降温冻伤菌丝。③采用靠架式栽培时，一潮菇结束后，应让菌筒至少修整 20 天以上再次进行注水，一般 3～5 天即可见菇蕾冒出；若采用覆土栽培，应在刚要开伞及时采收，采收后及时喷水。

**4. 产量品质**　在福建以木屑、麦麸和石膏为主料的熟料靠架式栽培，秋、冬季生物学效率为 75%～85%，春季生物学效率为 70%～80%；覆土栽培生物学效率为 60%～70%。

子实体中等大小，致密度较好且富有弹性；在 10℃以下可贮存 15 天以上；香气较浓、韧性好。

# 第四章

## 香菇菌种生产

香菇生产像水稻、小麦等作物生产一样需要"种子"。水稻、小麦等作物是以该作物的有性器官果实来作为种子，如稻穗上的"稻谷粒"作为水稻种子、小麦穗上的"麦粒"作为小麦种子等；香菇则是以其无性器官——菌丝体来作为香菇"种子"，因香菇属于菌类的缘故，习惯上将这种"种子"称作"菌种"。《GB / T 12728—2006食用菌术语》定义，菌种指生长在适宜基质上具结实性的菌丝培养物。农业部《食用菌菌种管理办法》第三条指出，菌种分为母种（一级种）、原种（二级种）和栽培种（三级种）。菌种生产就是使菌丝体不断扩大繁殖的过程。

《GB 19170—2003香菇菌种》定义，母种指经各种方法选育得到的具有结实性的菌丝体纯培养物及其继代培养物，以玻璃试管为培养容器和使用单位，也称一级种、试管种。原种指由母种移植、扩大培养而成的菌丝体纯培养物，常以玻璃菌种瓶或塑料菌种瓶或15厘米×28厘米聚乙烯塑料袋为容器。栽培种指由原种移植、扩大培养而成的菌丝体纯培养物，常以玻璃瓶或塑料袋为容器，栽培种只能用于栽培，不可再次扩大繁殖菌种。因此，香菇的菌种生产也称菌种制作，就是让香菇菌丝在适宜基质上和适宜环境条件中，健壮和快速生长，菌丝体数量不断扩大的过程。技术熟练的作业人员可将1支种源试管种转接扩繁出80～120支生产母种，1支母种转接扩繁出4瓶原种，1瓶原种转接扩繁出40

瓶栽培种。那么，1 支种源试管种就能够扩繁出：1 支种源试管种×
（80～120）支母种 / 支种源试管种×4 瓶原种 / 支母种×40 瓶栽培
种 / 瓶原种＝（12 800～19 200）瓶栽培种，即 1 支种源试管种可
以扩繁出 12 800～19 200 瓶的栽培种来。

# 一、流程与原理

## （一）生产流程

　　香菇的菌种生产流程（工艺流程）是按照三级菌种的顺序依次
进行：（自行选育的原始种源或引进种源）母种（一级种）生产→原
种（二级种）生产→栽培种（三级种）生产，是一级、二级、三级
菌种逐级放大的过程。

**1. 母种生产流程**

　　培养基材料选择（按配方）→准确称量→定量配制→材料处
理→分装试管→高压蒸汽灭菌→灭菌效果检验→摆放斜面→接
种→培养→检验→贴标签→包装→留样→贮藏（用于扩接原种
或出售）

**2. 原种生产流程**

　　引进或自制母种→配料→分装→灭菌→冷却→接种→培养与检
查→贴标签→成品→留样→包装→贮存（用于扩接栽培种或出售）

**3. 栽培种生产流程**

　　引进或自制原种→配料→分装→灭菌→冷却→接种→贴标
签→培养与检查→留样→包装→成品→贮存（用于栽培袋生产或
销售）

## （二）技术原理

　　香菇的菌种生产技术也称制种技术、菌种扩繁技术，其技术
原理是：根据香菇品种的生物学特性，提供适宜菌丝生长所需条

件，满足菌丝生长对营养、温度、水分、光照、氧气和酸碱度等的需求，促进菌丝体在菌种培养基质中无限制、快速和健壮生长；利用菌种生产的设施设备，采用无菌操作技术，从母种、原种和栽培种逐级转接扩繁菌种，保持菌种的纯一和品种的特性；而且，扩繁过程中基质的变化，激活了菌丝体内分解木质素和纤维素等生物酶的活性，有利于菌丝体分解栽培基质（栽培料）。

**1. 根据香菇营养特点配制适宜培养基质**　香菇属于腐生菌类，主要分解基质中的木质素和纤维素作为自身生活所需养分。因此，在配制其菌种培养基质尤其是原种和栽培种基质时，就要配制适宜香菇营养特点的基质：以阔叶树木屑等为主料，加以麦麸等适量辅料，使培养基质中碳氮比例趋于适当，以满足香菇菌丝体对营养的合理需求。

**2. 使用无菌操作方法转接纯一品种种块**　利用灭菌设备对菌种生产用的培养基质进行灭菌处理，实质是使培养基质中不含有活体生物，没有了杂菌，将来基质中就不会生长出霉菌、细菌和放线菌等杂菌。这与生产水稻、小麦、玉米等农作物一样，在栽种之前需要对栽培田块或地块清除杂草，使田地上将来不生长或尽量不长出杂草来。

无菌操作是微生物实验工作中日常用到的方法，采用这种方法只将香菇种块移植到了没有活体杂菌（基质已经过灭菌）的新的培养基质之中，防止和避免了别的微生物（杂菌）在菌种转接（接种）过程中进入新的基质，确保了香菇菌种和品种的纯一，使培养基质中将来只有香菇菌丝体生长。

**3. 营造适宜环境条件满足菌丝健壮生长**　香菇菌种生产就是其生产菌丝体的过程。因此，根据香菇营养和理化特点和可无限生长特性，利用菌种生产的设施设备，营造出适宜香菇菌丝生长的最适条件：培养料的含水量60%左右、空气相对湿度60%～70%，pH值5.5～6.5，培养温度25℃，培养室适当通风换气，保证氧气供应，遮光培养等。以满足菌丝体在舒适环境中无限制、快速和健壮生长，大量地繁殖。

**4. 逐级扩繁菌种激活菌丝分解基质酶活性** 香菇菌种通常以试管马铃薯葡萄糖琼脂斜面培养基（PDA 培养基），在 4℃左右低温条件下保藏。母种（一级菌种）的扩繁常常使用 PDA 培养基或综合马铃薯葡萄糖琼脂斜面培养基（CPDA 培养基）。培养基中的葡萄糖属于菌丝体直接吸收利用的碳源物质，导致菌丝体中分解木质素和纤维素的生物酶处于"惰性"，菌丝体慢慢地会减少这些酶的分泌，容易使菌丝体降解木质素和纤维素的能力下降。原种（二级菌种）和栽培种（三级菌种）的培养基质使用富含木质素和纤维素的木屑和棉籽壳等为主料，有利于重新激活菌丝体内分解木质素和纤维素的酶类的活性，不断促进菌丝体分泌这些酶，让菌丝体恢复到具有强有力地分解木质素和纤维素的本性，采取一级、二级、三级逐级扩大繁殖菌种的程序，使栽培种菌丝体很好地降解栽培料袋中的基质，有利于菌丝快速长满菌袋和提高出菇产量。

# 二、计划与人员

菌种生产工作在具备了基本的生产设施设备基础上，必须有明确的生产目标和足够的生产人员，在生产之前就应制定出生产计划和组建好生产管理人员队伍，以顺利完成菌种生产任务，通俗地讲就是要组织"精兵强将"打有准备的"胜仗"。

## （一）菌种生产经营计划

菌种生产计划应根据自身生产场地大小，生产设施设备条件状况，客户需求菌种类型及其数量、供种时间和自身生产能力等诸多因素，加以综合科学分析，合理确定菌种生产经营的计划规模目标，运筹生产资金投入、生产原辅材料物资购置和组建相应生产管理人员队伍。计划中必须明确时间节点和工作重点：准备原料购置时间和数量，所需生产管理人员的到位数量和岗前培训的时间，菌种生产各个具体环节人员安排以及人员定岗定责安排要求等。

## （二）菌种生产人员要求

要求菌种生产和管理的人员应该有较好的业务工作素质：具备一定的专业知识和工作技能，应该具有食用菌或微生物的专业知识，掌握一定的无菌操作技术，能够熟练使用菌种生产机械设备和利用菌种生产设施，遵循菌种生产规程开展菌种生产工作，并持有食用菌菌种生产资质证。不仅如此，还要求菌种生产和管理人员要有"质量第一，为用户着想"的生产经营理念，具有责任心和良心，能遵章守纪和互助协作。

菌种生产单位要对生产和管理人员进行定期或不定期的业务培训和思想提高培训，尤其要在每次菌种生产之前进行岗前培训教育，提高员工业务工作能力和水平以及思想素质，建立上岗前考核制度，定出考核具体指标标准，对员工业务技能和思想素质达不到标准要求者，不准其从事菌种生产和管理工作。

# 三、种源与引种

## （一）扩繁菌种种源

开展香菇生产需要初始种源（初始种源指香菇初始"种子"的来源）。初始种源主要来自两个方面：一是自行培育并保藏的菌种，自行保藏菌种指有菌种保藏能力的单位所保藏的菌种种源；自保菌种可自行扩繁使用。二是专门供种单位的种源，专门生产销售菌种供生产者使用。大多数从事菌种生产的厂家或个人，主要靠引进外单位的初始种源，通过扩繁种源销售菌种或生产应用。

**1. 选择供种单位**　目前，市面上生产销售食用菌种的单位和个人很多，其品种名称也"五花八门"。生产用的母种应该从具有菌种生产经营资质的供种单位引进种源。

具有菌种生产经营资质的供种单位包括食用菌菌种保藏机构、

菌种场和专业育种科研单位等。这些单位得到了政府相关部门认可，为合法生产经营单位，信誉度高，值得信赖，从其引进种源，质量较为可靠。反之，无菌种生产经营资质的供种单位或个体户，多数生产设施设备极其简陋、专业技术人员严重缺乏，往往只凭经验生产菌种，有的对品种任意出编号，张冠李戴予以混淆，过度宣传，目的是能多卖菌种牟利，其种源难以置信，质量得不到保证。

切勿从没有菌种生产经营资质的菌种场和菇农那里引进种源或交换种源。否则，其种源质量得不到保障，因为其种性不明、特性不清、性状不稳，常常出现菌种质量的纠纷问题。不良种源经过扩繁后在生产上大规模使用，给生产带来歉收甚至灾难性的绝收，造成重大经济损失。还有，社会上以"优良菌种"为由加以坑蒙拐骗的不法分子大有人在，一定要特别小心，不要盲目听从虚假宣传，以免上当受骗。

**2. 引进种源方法**　引进种源时务必认真挑选种源，要求菌种生长势良好、菌龄适当，培养基未萎缩干枯、无杂菌污染、试管未破损等。同时，要向供种单位索取该品种的相关技术资料，包括种性特征、农艺性状指标和培养条件要点等；还有，要主动向供种单位了解拟引种源在生产上的应用情况及其效果，最好到正在种植该品种的现场进行实地考察，听取栽培户意见，亲自查看品种生长发育状况，眼见为实，真实全面了解所拟引种源的各种信息和实际应用情况。

## （二）先试种后扩繁

无论从哪个供种单位引进种源，无论引进了什么品种，在自己没有栽培经验的情况下，不要急于求成，不要对引进种源马上扩繁、大量用于栽培生产。本着对自己和用种户负责的原则，应该对引进种源先进行试验种植，试种成功后再进行菌种扩繁。

利用本地栽培原料和气候特点，参考供种单位信息资料，借鉴考察种植户经验，对引进种源进行试验种植。观察和了解该品种的种性特点、农艺性状和商品性状等，总结试种经验教训，确认该品种高产、优质和抗逆性好，而且符合消费者需求，确实适合本区域生产应用，表明试种成功。方可对该种源进行菌种扩繁，在生产上加以应用。

另外，自行分离获得的种源也应经过试验种植，确认具有生产应用价值后，最好要获得品种审定后，才能扩大繁殖、应用于生产。

# 四、母种生产

香菇的母种生产就是配制适宜香菇菌丝生长的琼脂培养基，使用无菌操作方法，将从外地引进或自行分离的母种种源移接于培养基上，在适宜环境条件下让菌丝健壮和快速生长，使母种数量得到扩大的过程。

母种是菌种生产的初始种源。香菇原种的种源来自母种，栽培种的种源又来自原种，栽培种被作为生产料袋的种源，环环相扣、互为关联、互为影响。母种是香菇品种种性"传承"的源头，可理解为"一脉相传，代代相同"的意思。因此，母种质量的优劣直接影响到原种和栽培种质量的好坏，最终影响到香菇生产的成败，母种生产对香菇生产至关重要。

## （一）培养基配制

适合香菇母种菌丝体生长的培养基很多，常用的有 PDA 培养基、CPDA 综合培养基、PDYA 综合培养基和木屑综合培养基等。

**1. 培养基配方**

（1）PDA 培养基（马铃薯葡萄糖琼脂培养基） 马铃薯（去皮）200 克，葡萄糖 20 克，琼脂 20 克，水 1000 毫升。

（2）CPDA 综合培养基（综合马铃薯葡萄糖琼脂培养基） 马铃薯（去皮）200 克，葡萄糖 20 克，磷酸二氢钾 2 克，硫酸镁 0.5 克，琼脂 20 克，水 1000 毫升。

香菇母种培养基配制最常用的培养基是 PDA 培养基和 CPDA

综合培养基。除此之外，还有 PGA 培养基（蛋白胨葡萄糖琼脂培养基）、玉米粉蛋白胨培养基、黄豆粉煎汁培养基和米糠葡萄糖培养基等，也可用于香菇母种的培养基。

**2. 培养基配制方法** 香菇母种培养基尽管种类很多、配方不同，但是其配制方法基本一致，都要经过 8 个主要步骤：原料准备、定量基质、取汁化脂、定容基质、调节 pH 值、分装基质、高压灭菌、摆放斜面和灭菌检验。下面以 CPDA 综合培养基为例，具体说明母种培养基的配制方法。

**（1）原料准备** 选取无芽、未变色的马铃薯块茎，用刀将其表皮先削除掉，然后切成 1 厘米见方的小块备用。按照 CPDA 综合培养基中的基质种类，配齐备足葡萄糖、磷酸二氢钾、硫酸镁和琼脂等基质。其中，葡萄糖、磷酸二氢钾和硫酸镁可在化学试剂销售单位购买到，琼脂可从医药用品销售单位购买到。

**（2）定量基质** 用克秤（天平或中药店克秤均可）分别称取马铃薯小块 200 克，葡萄糖 20 克，磷酸二氢钾 2 克，硫酸镁 0.5 克和琼脂 20 克，备用。

**（3）取汁化脂** 热提薯汁：将 200 克薯块置于盛有 1 200 毫升水的锅内，加热煮沸，同时，不时用玻璃棒或长筷子加以搅拌，避免薯块沉底烧焦，水沸后文火保持 30 分钟即止，让薯块汁液因加热被充分浸出；煮沸 30 分钟后，用 4 层纱布过滤获得薯块的汁液备用。热化琼脂：若使用琼脂粉，则先将琼脂粉溶于少量温水中，然后倒入薯块汁液中加热熔化即可；若使用琼脂条，则需要先将条剪成 2 厘米长的小段，并以清水漂洗 2 次除去杂质，再一边加热一边搅拌，直至琼脂完全熔化。

**（4）定容基质** 将过滤所得的薯块汁液、融化的琼脂液、20 克葡萄糖、2 克磷酸二氢钾和 0.5 克硫酸镁都倒入量筒或量杯内，加水将总体积定容为 1 000 毫升。若体积不足 1 000 毫升，则加水补足为 1 000 毫升。搅拌均匀。

**（5）调节 pH 值** 营养液定容后在文火上保持 40℃～50℃并不

时加以搅拌状态，避免温度过低琼脂会凝固。用 pH 试纸测定营养液的 pH 值，若 pH 值在 5.5～6.5 范围内则无须调节（注：香菇菌丝体生长基质最适 pH 值为 4.5～5.5，但是，培养基经过灭菌其 pH 值会下降 1 左右。因此，配制培养基时应有意将灭菌前基质 pH 值调高 1，灭菌后就正好达到香菇菌丝生长最适 pH 值条件）；若 pH 值偏高，则可向其中滴入柠檬酸或乙酸溶液，下调培养基的 pH 值；若 pH 值偏低，则向其中滴入碳酸氢钠或碳酸钠溶液，上调培养基的 pH 值。在调节 pH 值时应一边搅拌培养基一边测试。

（6）**分装基质** 培养基调配好后即可分装到试管内。试管可选用 18 毫米×180 毫米和 20 毫米×200 毫米两种规格的玻璃试管（简称玻管）。分装装置可用带铁环的漏斗式分装架（图 4-1A），也可自行设计使用倒 "V" 形虹吸式分装装置（图 4-1B）。

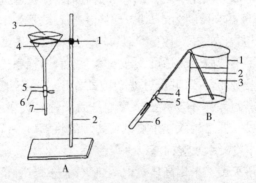

**图 4-1　母种培养基分装装置**

A. 架式漏斗分装装置：1. 固定钮　2. 固定架　3. 漏斗
4. 固定圈　5. 乳胶管　6. 止水夹　7. 玻管
B. 烧杯虹吸分装装置：1. 烧杯　2. 玻管　3. 培养基
4. 乳胶管　5. 止水阀　6. 试管
（贾身茂，2000）

使用漏斗式分装架的分装方法：事先按照图 4-1A 架设好装置，其中止水夹呈夹住乳胶管状态；再向漏斗内加满培养基；然后，左手竖握 3 支空试管且管口朝上，移至乳胶管末端连接的玻管下方，让玻管插入试管内，右手开启止水夹，让培养基自流到试管内，流入试管中培养基的柱状数量为试管长度的1/5～1/4为宜，关闭止水夹，取出玻管，即完成了一支试管的分装，保持直立状态至培养基凝固。如此反复至将培养基分装完毕。使用虹吸式分装装置的分装方法与使用漏斗式分装架的分装方法大体类似，只是分装前需要用胶质吸球先将培养基吸至低于烧杯中培养基液面的位置，才会有虹吸现象发生，然后方可分装。

无论采用哪种分装方式或方法，都要注意两点：一是不要让培养基残留在试管口上和近管口壁上，若确实不小心出现残留，则待凝固后用接种钩将其扒出，并以潮湿洁净纱布擦拭干净，以免日后棉塞生霉造成污染；二是培养基在试管中的分装量控制在试管长度的1/5～1/4，不能过多，也不可太少。

培养基全部分装完毕后，试管口塞上棉塞。棉塞选用干净的梳棉制作。棉塞要求长度为3～3.5厘米，塞入试管内1.5～2厘米，外露长度1.5厘米左右，上下粗细均匀，大小以塞进试管后手提外露棉塞试管不下掉脱落为适度，即松紧度适宜。棉塞松紧度一定要适宜，若过松则起不到阻止过滤杂菌的作用，易感染杂菌，而且还易脱落；若过紧则不易拔出，影响日后接种时拔塞速度。之后，7～10支捆成一捆，用双层牛皮纸或防潮纸将管口一端包扎紧，以防灭菌过程中冷凝水浸湿棉塞，生霉污染。

（7）**高压灭菌**　采用高压蒸汽湿热灭菌法对母种培养基进行湿热灭菌。培养基生产数量不多，使用手提式高压灭菌锅就行。灭菌操作方法：按照说明书，先取出高压锅内桶，将打成捆的试管培养基管口朝上、直立放置于手提式高压灭菌锅的内套桶中；然后，向锅底加水至相应位置（水量足够即可，不宜太多）。将装有试管培养基的内套桶再放回高压锅内，在内桶上面加盖一层牛皮纸或防潮纸，盖上锅盖，拧紧螺帽，盖严锅盖，关闭放气阀，开始加热，锅内水被烧沸产生蒸汽。当压力表显示压力上升到0.05兆帕时，停止加热，打开排气阀门排去气体，如此进行2次，其目的是排尽锅内冷空气，防止出现假压现象，造成灭菌不彻底。排 2 次气后，继续加热，当压力上升到 0.147 兆帕，即安全阀自动放气时，开始计时，并在此压力下保持 30～40 分钟。然后，停止加热并微开启放气阀阀门，缓慢排出锅内气体，切勿放气过大，否则会造成培养基喷出试管。排气结束，压力表指针回到"0"时，全开启放气阀阀门，让锅内热气排出。

（8）**摆放斜面**　打开锅盖，稍冷却至不太烫手时，再行斜面摆放。摆放前先在桌面上放置一根厚为 1 厘米的方木条，成为摆放试管的枕木，再将灭菌后的培养基试管取出，管口一端靠在枕木上，试管内培养基就自然呈倾斜状，以斜面底部刚至管底，斜面长度一般以斜面顶端距离棉塞的距离 40～50 毫米为宜，约为试管长度的 3/4 即可（图 4-2），切勿使培养基与棉塞接触。在尚未凝固之前不要移动培养基试管，否则会造成培养基斜面变形。

特别注意：打开锅盖后不宜立即摆放斜面。否则，因温差太大，试管内会产生过多冷凝水，这对日后培养菌种不利，同时会湿润棉塞导致杂菌污染。一般，高温季节打开锅盖后自然降温 30～40 分钟，低温季节自然降温 20 分钟后即可摆放斜面。

（9）**灭菌检验**　将制好的斜面培养基在 37℃条件下培养 2 天，或在 30℃条件下培养 3 天，以检验对培养基的灭菌效果。若观察确认培养基上无菌落出现，表明灭菌彻底，则可用于香菇菌种生产。否则，培养基上出现

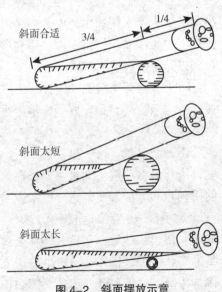

斜面合适

斜面太短

斜面太长

图 4-2　斜面摆放示意
（谭伟，2009）

白色、绿色、鼻涕状等异物，表明是杂菌菌落（鼻涕状为细菌菌落表现特征，白色和绿色可能是霉菌菌落的前期和后期表现特征），说明灭菌不彻底，没有彻底杀死杂菌，则培养基不能用于香菇菌种生产。

以上9个作业步骤要紧密衔接，尤其是培养基调配并分装后应及时灭菌，不能隔夜灭菌。否则，培养基中会很快滋生杂菌，基质养分被杂菌消耗，即使再行灭菌，培养基质量也会受到影响。

## （二）母种扩繁

从外地引进或购进或自行分离的母种，其数量十分有限，不能满足生产的需要，这就需要对初次获得的母种进行扩大繁殖，以增加母种数量，这种对母种数量扩大的过程被称为母种扩繁。母种扩繁是通过种源转接和菌种培养两个途径来加以完成和实现的。

**1. 种源转接**　种源移接指将种源的种块转移到事先无菌种的基质上的过程，也称接种、转接菌种和母种转接等。这个过程类似于小麦、玉米等农作物生产中的播种。种源移植接种的操作是在无杂菌环境中（超净工作台、接种箱和接种室等）按照无菌操作方法进行，以避免杂菌进入基质。

**（1）接种环境消毒**　接种室或接种箱在使用之前除了对其内部做好清洁卫生外，重点要做好消毒处理。常用消毒方法有3种：药物熏蒸、药液喷雾和紫外线灯照射。3种方法交替使用效果最好。

①药物熏蒸方法　接种前1天，以气雾消毒剂或者甲醛加高锰酸钾进行消毒。使用剂量主要根据消毒空间大小而定，气雾消毒剂使用剂量和方法参照其生产厂家说明书。甲醛加高锰酸钾的用量为（8毫升甲醛＋5克高锰酸钾）/米$^3$；使用前先关闭接种室或接种箱的所有门窗，然后，在较大烧杯或铁盆、瓷盆内加入按比例算出质量的高锰酸钾，操作人员戴上口罩或防毒面具后再迅速倒入相应比例的甲醛，立即离开并迅速关闭门窗持续1天1夜，让药物产生蒸气充满空间，起到熏蒸消毒杀菌的效果。第二天进去，先用适量氨

水喷雾空间，综合并消除空气中的甲醛，以免甲醛伤及操作人员的眼睛和呼吸道，再行接种操作。

②药液喷雾　将5%苯酚溶液或煤酚皂液（来苏儿）倒进喷壶或喷雾器内，在接种操作前对接种室或接种箱内进行喷雾，药液沉降空气中的尘埃及杂菌孢子，起到净化空间和消毒杀菌作用。

③紫外线灯照射　接种前只开启接种室或接种箱内的紫外线杀菌灯（同时，一定要关闭照明灯，否则会影响杀菌效果），持续30分钟时间，让紫外线照射空间，杀灭空间里杂菌。

（2）**转接菌种方法**　接种室或接种箱内经过环境消毒后就可进行转接菌种操作。转接菌种操作是在超净工作台或接种室（箱）内酒精灯火焰旁进行无菌操作（图4-3）。

转接菌种方法：手和接种工具先行消毒。操作人员先用75%酒精棉球对自己的手进行全面擦拭；再对接种针或接种铲进行整体擦拭，做初步消毒处理。点燃酒精灯。将接种针或接种铲的针尖和铲

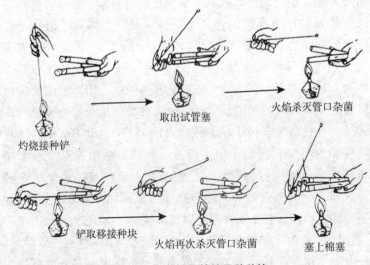

灼烧接种铲　　　　　　取出试管塞　　　　　　火焰杀灭管口杂菌

铲取移接种块　　　火焰再次杀灭管口杂菌　　　　塞上棉塞

**图4-3　无菌操作转接母种种块**

（常明昌，2013）

尖及其金属棒部分浸蘸上95%酒精，置于酒精灯火焰上来回灼烧，烧红烧透，做进一步杀菌处理，彻底杀灭接种针或接种铲的针尖和铲尖及其金属棒上面的所有微生物（当然包括了杂菌），待冷却后作为移植种块的工具，并竖直插入经灭菌的空试管中（管口在上、管底在下竖立；接种针或接种铲插入后针尖或铲尖在试管底部）等待转接操作时使用。

用左手取一支母种（种源）试管，右手握住棉塞头部（棉塞头部，指外露于试管的棉塞部分）轻轻旋转并取出棉塞，并将棉塞放在中指与无名指之间夹着（不放到别处，以免污染杂菌），中指和无名指夹住棉塞头部，棉塞尾部（棉塞尾部，指插入于试管内部的棉塞部分）露于手背即可。紧接着左手将母种试管的管口移到火焰上方，快速旋转一圈，让火焰杀灭管口附近杂菌，并停留保持在距离火焰上方1～1.5厘米位置处（不能直接长时间灼烧管口，否则试管会炸裂），用火焰封锁管口，不让空气中的杂菌侵入。

用右手取一支待接种培养基试管，左手予以配合，右手小指夹住棉塞头部、轻轻旋转并取出棉塞，并夹着棉塞。左手将待接培养基试管靠近并排于母种试管，呈平握状态。再以右手拇指、食指和中指配合从空试管中取出接种针或接种铲，让针尖或铲尖快速通过火焰进入母种试管内，针尖或铲尖接触管壁片刻冷却后，将母种划割成带有基质的3～5毫米见方的种块。用针尖或铲尖挑取一块种块（只挑取菌丝生长粗壮、浓密种块即生长势旺盛的种块进行转接。不挑取菌丝体干枯和较老处的种块），迅速取出、转移到待接种培养基试管内斜面中央位置、种块紧贴培养基，取出接种针或接种铲，放回母种管内。用棉塞塞上已经被接种的培养基试管。这样，一支试管母种的转接操作结束。如此反复，如法炮制，直至转接完毕。一般1支母种可以转扩接30～40支试管。

在转扩接后一定要在试管上贴上标签，标签内容：品种名称、接种时间、接种人姓名等，以防弄错品种，同时一旦有问题发生可供追溯。

**2. 母种培养**

（1）**恒温培养**　将转扩接种块后的试管转移入恒温培养箱或培养室内进行避光培养，培养温度调节到25℃左右。若在培养室规模化培养，则需将室内空气相对湿度控制在60%～70%范围之内，并注意适当通风换气，保证有足够氧气供应。满足菌丝体生长最适的环境条件，保证母种菌丝体快速和健壮生长。一般培养7～10天，菌丝体就会长满试管斜面。

（2）**检查记录**　在母种培养期间，一定要做好"常观勤查"和详细记载记录工作。在接种后第三天就要细心观察种块菌丝萌发和杂菌污染等情况，并在工作日志上做好记载，记录下第一次观察到的结果；以后1～2天记录1次，直到菌丝体长满试管斜面。特别要及时仔细地检查并剔除被杂菌污染的试管，做到早发现、早剔除，若未及时发现或被污染的试管，一旦被香菇菌丝生长覆盖，难以辨别后用于扩繁原种，则将会造成无法挽救的损失。

## （三）母种质量要求

农业部和国家质量监督检验检疫总局对香菇的母种有质量要求。

**1. 容器要求**　使用玻璃试管或培养皿。试管规格为18毫米×180毫米或20毫米×200毫米。棉塞要使用梳棉或化纤棉，不使用脱脂棉；也可用硅胶塞代替棉塞。

**2. 感官要求**

（1）**容器**　完整，无损。

（2）**棉塞**　干燥、洁净、松紧适度，能满足透气和滤菌要求。

（3）**培养基灌注量**　试管总容积的1/5～1/4。

（4）**斜面长度**　顶端距离棉塞40～50毫米。

（5）**种块大小（接种量）**　3～5毫米×3～5毫米。

（6）**菌种外观**　菌丝长满斜面。菌丝体洁白、浓密、旺健、棉毛状。菌丝体表面均匀、舒展、平整、无角变（角变指因菌丝体局部变异或感染病毒而导致菌丝变细、生长缓慢、菌丝体表面特征呈角状异常的现象）。菌丝无分泌物。菌落（菌落指在固体培养基上形成的单个生物群体）边缘整齐。无杂菌菌落。

**（7）斜面背面外观**　培养基不干缩，颜色均匀、无暗斑、无色素。

**3. 微生物学要求**

**（1）菌丝生长状态**　粗壮、丰满、均匀。

**（2）锁状联合**　菌丝具有锁状联合（锁状联合指一种锁状桥接的菌丝结构，是异宗结合担子菌次生菌丝的特征）。

**（3）杂菌**　试管内及培养基中均无杂菌。

**4. 菌丝生长速度**　在 PDA 培养基上，在适温（24℃±1℃）下，长满斜面 10～14 天。

**5. 栽培性状**　母种供应单位，需经出菇试验确证农艺性状和商品性状等种性合格后，方可用于扩大繁殖或出售。

## （四）标识与包装

作为产品和商品的香菇母种，应该有相应的产品标识和产品包装，以利于识别和方便运输。

**1. 母种标签**　产品标签指标明产品的种类、型号、生产单位、生产日期和执行标准等的纸签或不干胶质签。每支香菇母种必须贴有标签，标签上清晰注明以下要素：产品名称（如香菇母种）；品种名称（如金地香菇）；生产单位（××菌种场或菌种厂等）；接种日期（如 2015.8.28）；执行标准。

**2. 包装及标签**

**（1）包装**　香菇母种外包装采用木盒或硬质纸箱，内部用棉花、报纸和碎纸等具有缓冲作用的轻质材料填满，以免试管晃动、相互碰撞而破碎。

**（2）标签**　每个盒子或箱子上必须贴有标签，标签上清晰注明以下要素：产品名称、品种名称；厂名、厂址、联系电话；出厂日期；保质期、贮存条件；数量；执行标准。

**3. 包装贮运图示**　包装贮运图示指在产品外包装上标志（标识）出该产品在贮存和运输过程中需要注意事项的图标和文字，以告知贮运人员加以注意。香菇母种外包装上应注明以下图示标志：小心轻放标志；防水、防潮、防冻标志；防止倒置标志；防止重压标志。

### （五）保留样品

生产出来的香菇母种在出厂前都要保留样品（简称留样），以备事后追查。每个母种生产批号应留样 3 支母种，于 4℃～6℃下贮存 5 个月时间。

### （六）运输与贮存

**1. 运输**　香菇母种不得与有毒物品混装运输。当气温达 30℃以上时，需要用 0℃～20℃的冷藏车加以运输。运输过程中必须有防震、防晒、防尘、防雨淋、防冻、防杂菌污染的措施。

**2. 贮存**　香菇母种在 4℃～6℃下冰箱中贮存，贮存期不超过 3 个月。

## 五、原种生产

香菇的原种生产是指将母种种块移植到主要含木质素、纤维素的木屑、棉籽壳和麦麸等培养基上培养出菌种的过程。原种生产的作用是扩大菌种数量，并使母种菌种逐渐适应木质素、纤维素等复杂培养基原料的生长环境。

### （一）培养基配制

适合香菇原种菌丝体生长的培养基种类尽管很多，但是从使用主要原料上而言，归纳起来只有两大类型的培养基：作物谷粒类培养基和植物茎秆类培养基。在此，介绍国标《GB / T 19170—2003

香菇菌种》中规范性附录的3种"常用原种和栽培种培养基配方"：木屑培养基、木屑棉籽壳培养基和木屑玉米芯培养基，并举例介绍其生产方法。

**1. 培养基配方**

（1）**木屑培养基**　阔叶树木屑78%，麦麸20%，蔗糖1%，石膏1%，含水量58%±2%。

木屑培养基又称782011培养基，其中"782011"表示100份培养基中木屑、麦麸、蔗糖和石膏分别占78份、20份、1份和1份，非常直观和容易记住。

（2）**木屑棉籽壳培养基**　阔叶树木屑63%，棉籽壳15%，麦麸20%，蔗糖1%，石膏1%，含水量58%±2%。

（3）**木屑玉米芯培养基**　阔叶树木屑63%，玉米芯15%，麦麸20%，蔗糖1%，石膏1%，含水量58%±2%。

培养基原料：棉籽壳和麦麸要求不发霉变质和未遭虫蛀。木屑要求选用青杠树等阔叶树的木屑。不使用松木、杉木、樟木和桉树等木屑，因为松树、杉树、樟树和桉树等树材中含有抑菌和杀菌的物质成分，所以一般不直接用作菌种原料。若确实要用，则必须做2～3个月的高温发酵处理后，除去其中抑菌和杀菌的物质成分，才可使用。石膏要求使用正品。

**2. 培养基配制方法**　以配制100千克的木屑培养基为例，说明其配制操作方法的5个主要步骤：称料拌匀、调节水分、基质分装、基质灭菌和基质冷却。

（1）**称料拌匀**　按照配方比例，先称取78千克木屑倒在平坦的水泥地上，用耙子扒散、摊平；再称取20千克麦麸和1千克石膏，在附近另处用铲子将麦麸和石膏拌和均匀后撒于摊平的木屑上；用铲子将木屑、麦麸和石膏继续充分混匀。而后称取1千克蔗糖用少量水溶解，喷洒于料面，再进行翻料拌匀。

（2）**调节水分**　将拌料稍摊平，向料面上均匀喷洒水，再用铲子将料和水充分拌和均匀。

加水量107升是由公式"培养料含水量＝（培养料自身含水量＋加水量）÷（培养料重量＋加水量）× 100%"计算得出：已知培养料自身含水量为13%，若将培养料含水量调至58%，假设加水量为 X 千克，则 X＝（0.58-0.13）× 100 ÷（1-0.58），计算结果为 X ≈ 107.14 升。因此，培养基的料水比约为 1：1.07。

$$X_1 = (R-r_1) W_1 \div (1-R)$$

式中：$R$ 为培养料的设计含水量；$W_1$ 为干料重（生理含水量）；$r_1$ 为干料的生理含水量（用干燥法测得）；$B_1$ 为干料所含总水量；$X_1$ 为达到设计含水量时，应加入的水量。

上式即为计算加水量的公式。如果培养料是由多种原料配合而成，例如有木屑 $W_1$（千克），棉籽壳 $W_2$（千克），麦麸 $W_3$（千克），计算式就变为

$$X_1 = \frac{(R-r_1) W_1 + (R-r_2) W_2 + (R-r_3) W_3 + \cdots}{1-R}$$

式中：$r_1$、$r_2$、$r_3$ 为木屑、棉籽壳和麦麸生理含水量（%）；$X_1$ 为总加水量。

（3）**基质分装**　拌好的培养料基质应尽快分装到原种基料盛装容器之中，简称装瓶或装袋。否则，基质若不尽快分装，则含有水分的培养料，因营养丰富很容易滋生杂菌，堆置时间越长，滋生杂菌越多，彻底灭菌基质越难，而且基质养分遭受消耗和破坏越多，堆置时间过长，还会导致基质酸败而不能使用。

装料要求：将培养料基质分装到料瓶或料袋中应该松紧适当，利于菌丝生长；不要装得过满，以培养基上表面距离瓶（袋）口的距离50毫米±5毫米为准（图4-4），利于后期观察种块菌丝萌发和杂菌污染情况；一边装料一边将料面压平。然后，用锥形小木棒或硬质塑料棒从料正中向底部转动几下插一个洞，洞深至底部，有利于通气，较好地满足菌丝生长时的供氧空间，菌丝体快速向料中

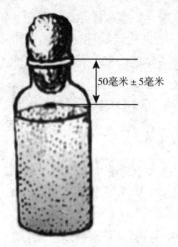

50毫米±5毫米

图4-4　装料离瓶口距离

生长繁殖，缩短菌丝体长满料瓶或料袋的时间。

装料时尽量不要玷污料瓶外壁及瓶口或料袋外壁。装料后，及时用湿布将瓶口内壁和整个瓶子外壁擦拭干净，以免沾有基质，后期杂菌滋生，污染菌种。

清洁料瓶或料袋后，塞上棉塞，棉塞外面最好再包上一层牛皮纸或耐高温塑料膜，并用棉绳（或耐高温塑料丝膜或耐高温橡皮筋颈圈）扎紧，以防之后灭菌室棉塞受潮污染杂菌。若使用无棉塑料盖代替棉塞，则直接盖上即可，无须此包扎等工序。

**（4）基质灭菌**　装妥的料瓶或料袋必须及时进行灭菌。通常使用大型高压蒸汽灭菌器对基质进行灭菌。灭菌器在使用前，在仔细阅读使用说明书基础上应该检查并确认压力表、水位表和安全阀等达到规定要求。其灭菌操作步骤及方法如下：

①料瓶（袋）装锅　将料瓶或料袋小心搬置于灭菌器锅内，瓶口或袋口朝向锅门或锅盖。关闭锅门，拧紧螺杆。

②排放冷气　将压力控制器的旋钮拧至套层，先将套层加热升压，当压力表显示达到0.05兆帕（MPa）时，开启放气阀，排放锅内冷空气，以利于彻底灭菌。当锅内冷气排净后，关闭放气阀。

③计时灭菌　当套层内压力达到预置压力0.12兆帕，或0.14兆帕，或0.2兆帕时，将压力控制器的旋钮拧至消毒，使套层的水蒸气进入消毒室，从此开始计时。计时时间（灭菌时间）长短不可一言而定，而是根据锅内所装料瓶或料袋数量多少而定，一般在0.12兆帕压力条件下，灭菌时间为1.5小时；0.14～0.15兆帕，灭菌时间为1小时。若装量较大，则灭菌时间应适当加以延长，以达到预期最佳灭菌效果。

④关闭热源 灭菌达到要求的时间后，关闭热源，使压力和温度自然下降。当压力表指示压力降至"0"后，慢慢打开放气阀，让饱和蒸汽先徐徐排放，再逐渐开大放气阀，放净蒸汽，最后再微开锅门或锅盖，让余热将棉塞吸附的水蒸气蒸发掉。灭菌完毕时，切忌直接全部打开放气阀、强行排气降压，否则会造成料瓶或料袋因压力突变而破瓶或破袋和塞子被冲脱落。

（5）基质冷却 料瓶或料袋灭菌后，培养料基质内温度还是较高，可搬至冷却室让料温自然降至28℃以下，再行接种。否则，若直接接种，种块菌丝会被"烫死"或"烫伤"，导致菌种死亡或成活率降低。灭菌后，整个料瓶或料袋内部处于无菌状态，为了减少接种过程中杂菌的污染，冷却室在使用前应做好清洁卫生、除尘和消毒灭菌等处理，呈无杂菌状态。

## （二）扩繁培养

原种的扩繁培养指通过无菌操作将母种种块移接到已经配制好的原种培养基上，在适宜条件下培养，让菌丝体不断生长繁殖、数量扩大的过程，即由母种移接和原种培养两个操作环节来完成。

**1. 母种移接** 母种移接是在无菌环境条件下，采用无菌操作方法，将母种种块转移接种到已经配制好的原种培养基上的过程。其无菌环境条件主要在接种箱或接种室中营造。

**（1）接种环境消毒** 方法与上述"母种扩繁"中"接种环境消毒"相同。

**（2）母种移接方法** 接种箱或接种室内经过环境消毒后就可进行母种移接操作。其操作是在接种箱或接种室内酒精灯火焰旁进行。

母种移接的具体方法：操作人员手和接种工具先行消毒，这与上述"母种扩繁"中"转接菌种方法"中的"手和接种工具先行消毒"相同，只是母种移接原种的工具多用接种锄或接种钩。点燃酒精灯让火焰升起。

首先用左手取一支试管母种，右手握住棉塞头部轻轻旋转并取出棉塞，棉塞放置箱面或台面即可。紧接着左手将母种试管的管口移到火焰上方，快速旋转一圈，让火焰杀灭管口附近杂菌，并停留保持在距离火焰上方 1～1.5 厘米处，也可在专用支架上固定保持于该位置，用火焰封锁管口，不让空气中的杂菌侵入。

右手拿起接种锄或接种钩，让接种锄或接种钩通过火焰进入母种试管内，接触管壁片刻冷却后，将母种割划成带有基质的 5～6 种块。将待接料瓶或料袋轻轻地移至酒精灯火焰旁，用右手小指夹住棉塞头部、轻轻旋转并取出棉塞，并夹着棉塞。用接种锄或接种钩钩取一块种块，迅速取出、转移到料瓶或料袋培养基中央位置，种块紧贴培养基，取出接种锄或接种钩，放回母种管内。用棉塞塞上已经被接种的料瓶或料袋，即完成了一次转接操作。如法炮制，直至转接完毕。一般 1 支母种可以转扩接 5～6 瓶（或袋）原种。

母种移接要求操作人员技术熟练，若由二人配合进行，速度更快、效果更好。在接种室接种，还要求操作人员进入接种室前要穿工作服、戴工作帽，接种时不要有人员走动，以免发生因空气流动导致杂菌进入培养基的风险。

在转扩接后一定要在料瓶或料袋上贴上标签，标签内容：品种名称、接种时间、接种人姓名等，以防弄错品种，同时一旦有问题发生可供追溯，分析查找原因。

**2. 原种培养**

（1）**恒温培养**　将转扩接种块后的原种瓶或袋转移入恒温培养箱或培养室内进行避光培养，培养温度调节到 23℃±2℃。若在培养室培养，则室内环境空气相对湿度控制在 60%～70%，注意通风换气，以保证菌丝体快速和健壮生长。一般在适宜培养基上，在适温（23℃±2℃）条件下，菌丝长满容器需 40～50 天。

（2）**检查记录**　原种培养期间与母种培养一样，一定要做好观察、检查和记录工作。接种 2～3 天后，要观察种块菌丝萌发情况：正常情况下可见种块琼脂截面上已经有萌发出的白色新菌丝，若未见新菌丝，则应查找原因。

以后每隔3～5天检查1次，检查菌丝是否生长正常：香菇菌丝体在原种培养基上正常生长表现出浓密和均匀特征，若发现有菌丝生长干瘪和萎缩现象，表明菌丝缺乏活力，则需要查找分析原因，并及时剔除，不能作为原种继续培养和使用。重点仔细检查料瓶或料袋中基质是否被杂菌污染：若发现基质上有不同于香菇菌丝特征的菌丝，有绿色、灰绿色、暗褐色、橘红色、灰白色和黑灰色等菌落出现，说明已经被杂菌污染，则应及时将其清除掉，不能继续培养，以免将杂菌传染给其他正常菌种。同时，应查找分析原因。

出现不正常菌种和杂菌污染量较多问题时，不要惊慌，出了问题，尽管受到了损失，但是也得到了教训，重要的是要仔细查找分析原因，要重点分析是哪个生产环节导致问题的发生，如种源带有杂菌、基质灭菌不彻底、接种操作不严格等。找准了问题发生的原因，为今后菌种生产积累经验，可有效地提高菌种生产技术能力和水平。

## （三）原种质量

农业部和国家质量监督检验检疫总局对香菇的原种有质量要求。

**1. 容器要求**　原种基料盛装容器有菌种料瓶和菌种料袋。料瓶：规范使用650～750毫升容量、耐126℃高温、无色或近无色的玻璃菌种瓶，或850毫升容量、耐126℃高温、白色半透明符合《GB 9687—1988食品包装用聚乙烯成型品卫生标准》卫生规定的塑料菌种瓶。料袋：规范使用规格15厘米×28厘米、耐126℃高温、符合《GB 9688—1988食品包装用聚丙烯成型品卫生标准》卫生规定的聚丙烯塑料袋。各类容器都应使用棉塞，棉塞以梳棉制作，不应使用脱脂棉；也可用能够满足滤菌和透气要求的无棉塑料盖代替棉塞。

**2. 感官要求**

**（1）容器**　洁净、完整、无损。

（2）**棉塞或无棉塑料盖**　干燥、洁净、松紧适度，能满足透气和滤菌要求。

（3）**培养基上表面距瓶（袋）口的距离**　50毫米±5毫米。

（4）**接种量（接种物大小）**　大于或等于12毫米×12毫米。

（5）**菌种外观**　①菌丝生长量。长满容器。②菌丝体特征。洁白浓密、生长旺健。③不同部位菌丝体。生长均匀，无角变，无高温抑制线（高温抑制线是指食用菌菌种生产过程中受高温的不良影响，培养物出现的圈状发黄、发暗或菌丝变稀弱的现象）。④培养基及菌丝体紧贴瓶（袋）壁，无干缩。⑤培养物表面分泌物无或有少量深黄色至棕褐色水珠。⑥无杂菌菌落。⑦无颉颃现象（颉颃现象指具有不同遗传基因的菌落间互相抑制产生不生长区带或形成不同形式线形边缘的现象。很多文献资料中原用术语"拮抗"与现用术语"颉颃"是同一个意思）。⑧无子实体原基。

（6）**气味**　有香菇菌种特有的香味，无酸、臭、霉等异味。

**3. 微生物学要求**　香菇原种菌丝体生长要求处于粗壮、丰满和均匀状态；菌丝具有锁状联合。原种瓶（袋）内及其培养基均无杂菌。

**4. 菌丝生长速度**　在适宜培养基上，在适温（23℃±2℃）条件下，菌丝长满容器需35～50天。

## （四）标识与包装

作为产品和商品的香菇原种，同样应该有相应的产品标识和产品包装，以利于识别和方便运输。

**1. 原种标签**　每瓶（袋）香菇原种必须贴有标签，标签上清晰注明以下要素：产品名称（如香菇原种）；品种名称（如金地香菇）；生产单位（××菌种厂或菌种场等）；接种日期（如2015.10.28）；执行标准。

**2. 包装及标签**

（1）**包装**　香菇原种外包装一般使用硬质纸箱进行包装。菌种间用碎纸、报纸等具有缓冲作用的轻质材料填满。纸箱上部和底部用 8 厘米宽的胶带封口，并用打包带捆扎两道，箱内附产品说明书和使用说明（包括菌种特性、培养基配方及适用范围）。

（2）**标签** 每个箱子上必须贴有标签，标签上清晰注明以下要素：产品名称、品种名称；厂名、厂址、联系电话；出厂日期；保质期、贮存条件；数量；执行标准。

**3. 包装贮运图示** 包装贮运图示指在产品外包装上标志（标识）出该产品在贮存和运输过程中需要注意事项的图标和文字，以告知贮运人员加以注意。香菇母种外包装上应注明以下图示标志：小心轻放标志；防水、防潮、防冻标志；防止倒置标志；防止重压标志。

## （五）运输与贮存

**1. 运输** 香菇原种不得与有毒物品混装，不得挤压进行运输。当气温达 30℃ 以上时，需要用 0℃～20℃ 冷藏车运输。运输过程中必须有防振、防晒、防尘、防雨、防冻、防杂菌污染的措施。

**2. 贮存** 香菇菌丝体长满瓶（袋）的原种应尽快直接用于扩繁栽培种，或出售给别人及时扩繁栽培种。若暂时不使用，可在 0℃～10℃ 条件下贮存，贮存期不超过 40 天。

# 六、栽培种生产

香菇的栽培种生产就是将原种再次扩大培养的过程。栽培种的作用是作为香菇栽培的"种子"，用于培植香菇子实体（菇体）。栽培种只能用于栽培，不可再次扩大繁殖菌种。

栽培种生产技术与原种生产技术基本一致，大同小异。如培养基配方、装料容器、操作方法和培养方法等相同，只是接种量、转接瓶（袋）数量、满瓶（袋）时间和贮存期稍有差异。主要不同或应注意之处：1 瓶原种可以转接栽培种 30～50 瓶（袋）栽培种。在适宜培养条件下，栽培种培养时间为 40～50 天。

培养好的栽培种应尽快用于香菇生产的栽培袋制作的种源。14天内可在温度不超过25℃、清洁、干燥通风（空气相对湿度50%～70%）、避光的室内存放。在1℃～6℃条件下贮存，贮存期不超过45天。

## 七、菌种生产常见问题与预防措施

香菇菌种生产是一个复杂的过程，只有严格把好各个生产环节，才能生产出优质菌种。但在生产中也会出现一些问题，必须针对问题产生的具体原因做认真分析，采取有力措施（表4-1）进行预防，以避免今后再犯同样错误和出现问题。

表4-1　原（栽培）种生产常见问题、发生原因及预防措施

| 常见问题 | 表现形式 | 原因分析 | 预防措施 |
|---|---|---|---|
| 种块萌发异常 | 种块不萌发，或萌发缓慢、菌丝细弱 | 1. 培养基质温度过高<br>2. 培养基原料霉变（含有毒物质）<br>3. 基质含水量过低<br>4. 培养基灭菌不彻底，存在杂菌<br>5. 菌龄过长，菌丝活力下降 | 1. 培养基质冷却至28℃才接种<br>2. 选用未霉变、不含农药的原料作为培养基质<br>3. 拌料时将基质含水量调配至58%±2%<br>4. 培养基灭菌时注意排冷气、把握好温度和时间<br>5. 使用适龄健壮种源 |
| 发菌不良 | 1. 菌丝生长缓慢<br>2. 菌丝生长过快、菌丝纤细稀疏<br>3. 菌丝干瘪不饱满、色泽灰暗<br>4. 菌丝生长不均匀 | 1. 培养基酸碱度不适<br>2. 原料霉变或混有有毒物质（混杂有松、杉、桉等木屑）<br>3. 培养基灭菌不彻底，细菌侵扰<br>4. 装料过紧，氧气不足<br>5. 培养基水分过多或过少<br>6. 培养环境温度湿度过高，空气流通不畅 | 1. 培养基pH值调至5.5～6.5<br>2. 使用除松、杉、桉等之外的阔叶树木屑<br>3. 培养基灭菌时注意排冷气、把握好温度和时间<br>4. 装料松紧适度，发菌室注意通风<br>5. 拌料时将基质含水量调配至58%±2%<br>6. 在温度22℃～25℃、空气相对湿度60%～70%条件下发菌 |

续表 4-1

| 常见问题 | 表现形式 | 原因分析 | 预防措施 |
|---|---|---|---|
| 杂菌污染 | 1. 出现红、黄、绿、黑有色菌斑<br>2. 出现带状拮颃线 | 1. 种源挑选不严，种子带杂菌，导致种块附近霉菌、放线菌和细菌污染：红黄色菌落（链孢霉）、绿色菌斑（木霉）和黑色菌斑（黑曲霉）；带状拮颃线（细菌隐形污染）<br>2. 培养基灭菌不彻底，尤其基质未浸透水夹杂"干料"不易灭菌彻底，导致栽培种上、中、下各部位均有可能遭霉菌、放线菌和细菌污染<br>3. 接种作业不严格，空气中和接种用具上杂菌进入，导致栽培种上部霉菌、放线菌和细菌污染<br>4. 培养期间，瓶、袋塞子密封不严或脱落，搬运摆放中不小心弄破瓶（袋），杂菌侵入遭污染 | 1. 选用不带杂菌、生长健壮的合格种源<br>2. 拌料前预湿原料，湿透原料，彻底无干料颗粒<br>3. 接种时严格无菌操作，不让空气中和接种用具上杂菌进入容器及基质<br>4. 料瓶（料袋）搬运摆放时轻拿轻放，避免塞子脱落、瓶碎袋破 |
| 害虫污染 | 1. 瓶袋内出现的昆虫的"蛋"、"蛆"和"蛾"存在<br>2. 瓶袋内出现"蜘蛛"状动物存在 | 1. 培养环境有菌蝇、菌蚊等害虫的"卵"仍然存活，"卵"死灰复燃，出现幼虫、蛹和成虫，危害菌丝<br>2. 瓶、袋塞子密封不严或脱落、搬运摆放中不小心弄破瓶（袋），造成了害虫和螨有进入机会 | 1. 做好培养室或发菌棚清洁卫生，不让害虫有生存空间和环境<br>2. 瓶、袋塞子密封严实、不脱落，搬运摆放时轻拿轻放，避免塞子脱落、瓶碎袋破 |

# 第五章

# 香菇段木栽培技术

　　香菇段木栽培，就是适时砍倒适宜香菇生长的阔叶树木，经过适当干燥后锯切成一定长度的段木或木段，在段木上打孔，将香菇纯菌种接入空隙中，提供香菇生长发育的环境条件，让香菇菌丝在段木中生长并发育子实体的过程。段木栽培也称原木栽培。

　　香菇段木栽培历史悠久。尽管它属于香菇的传统栽培方法，但是生产出来的香菇质地优良，各香菇主产国家和地区如日本等国都将段木香菇作为优质商品菇的主要来源。段木栽培香菇具有规模可大可小、方法简单可行、投资少、产出香菇品质好等优点，适宜于阔叶树木丰富的山区和丘陵区采用。段木栽培香菇是贫困山区广大农民脱贫致富的一条有效路径。香菇段木栽培的主要生产工艺流程为：

　　段木准备→人工接种→发菌管理→出菇管理→采菇

## 一、季节安排

　　香菇菌丝在5℃～32℃范围内都能生长，气温在5℃～25℃期间都可播种，一般最适播种期安排在2～3月份。

　　段木栽培香菇，如果以物候期为参照的话，那么桃花开的时候，气温已经超过5℃，就是播种开始的季节。青蛙叫的时候，气温已经稳定在12℃以上，就是较适宜的播种季节，是浙江、福建、江西等省香菇栽培地区的春播时节。清明节前，桃花盛开的时候是最理想的播种季节。海拔 800 米以上的地区，可在立夏前 7～8 天进行播种。

### （一）秋冬季播种

长江以南香菇栽培区冬季气温较高，多在水稻收割之后，安排在 10 月份砍树备料，11 月份至 12 月上旬播种。

### （二）冬季播种

赣南、浙南、闽、粤等省低海拔地区冬季很少有 2℃ 以下的低温，大多安排在冬季开始播种，并根据实际气温情况播种时间可延迟至 2 月下旬至 3 月上旬。

### （三）春夏季播种

我国大部分香菇栽培区，如长江流域栽培区，多安排在春夏季播种，其中 3 月份是播种的黄金季节。

## 二、段木准备

### （一）选择菇树

用来栽培香菇的树木称为菇树。用于香菇栽培的树种有 5 个基本要求：一是不含树脂、树脂酸、精油、醚类、樟类等杀菌性物质；二是木质较坚实、边材多、心材少、营养丰富；三是树皮不易脱落，不过分粗糙，也不过厚过薄；四是生长势旺盛，生长于郁闭度不过大、朝阳山林；五是虽然空心或弯曲，但是树皮还完整。最适宜于香菇生长的菇树有枹栎、麻栎、栲、青冈栎、枫香、栓皮栎、蒙古栎和板栗等。目前菇农常用的优秀树种有蕈树、山杜英、刺栲或红栲、米槠、罗浮栲、甜槠、秀丽栲、珍珠栗、槲栎、钩栲、麻栎、枫树、青冈栎、乌岗栎、鹅耳枥、漆树、白栎、赤皮青冈、东南石栎、多惠石栎、杨梅叶蚊母树和蚊母树等。

## （二）适时砍树

**1. 砍树时期**　一般多在秋季树叶发黄之后到立春发芽之前进行砍树，落叶树在有一、二成树叶飘落的秋季砍伐，常绿树可在冬春季节砍伐。此期间，树木处于休眠期，树木停止生长，树液流动也处于停滞状态，树木内蓄积营养最为丰富、水分也最少、树皮不易脱落，气温低、湿度小，砍后不易滋生病虫害。而且，砍后极有利于树桩在翌年春天萌芽更新、生长出新树干。多在 11 月中旬至 12 月上旬进行砍树。

**2. 选择树径**　太粗的树木搬运等作业因为太沉而不方便，出菇期较晚但出菇期长；太细的树木虽然搬运方便、出菇早，但是出菇期较短。因此，一般选择胸径（胸径是指距离地面 1.3 米处树干的直径，常用厘米为单位。我国和大多数国家胸高位置定为地面以上 1.3 米高处，这个标准高度对一般成人来讲，是用轮尺测定读数的比较方便的高度）为 10～20 厘米粗的树木和直径达到 10～20 厘米的树木枝桠，进行砍伐比较合适。

**3. 砍树方法**　用斧头在树兜处砍下树干，也可用手持式电锯锯倒树干。树皮是香菇发生的保护组织和湿热调控器，没有了树皮之后就无菇可出。因此，在砍树以及之后的搬运、截断、播种、翻堆、浸水等过程中一定要保证树皮完整，避免弄掉树皮。否则，树木没有完整树皮，木材得不到保护，经过 1 年之后开始出菇时，往往已经成为朽木了。

## （三）适干原木

新砍伐的树木称为原木。原木含水量高，细胞还未死亡、仍有活力，接上菌种菌丝难以生长，因此需要对原木进行适当干燥后才能播种使用。一般木材含水量在 40%～50% 时接上菌种较易存活。含水量太高，木霉、青霉等霉菌较易侵入；含水量太低，木材太干，接上菌种，种块水分被木材吸收而容易干死。树木砍倒后，不要剔掉枝桠、树叶，让树叶的水分蒸腾作用将木材中的水分蒸发出来，以干燥树木。

判断适当干燥树木的方法：一是观察树木截断面已经出现自树心向四周放射的线状裂纹即可，若线状裂纹已经裂至树皮位置，则表明树木过于干燥了；二是用斧头背猛敲去树皮后，观察无水分渗出即可；三是树皮颜色已经褪变成死树皮的颜色，木材截断面也变成了死树的颜色即可。在北方天气干燥、春季后砍树，一般砍树后再经过 10～20 天时间的干燥，即可接种。

切忌用烈日暴晒方法来干燥原木。因为暴晒很易引起树皮裂缝处发生成片起翘，树皮组织遭到破坏。

### （四）剔枝截断

原木适当干燥后应及时剔去枝桠，用电锯截断成 1～1.2 米长度的木段，即段木。直径 10～20 厘米的粗枝桠也可锯成段木。剔枝时不要齐树身砍平，而要保留枝杈长 3～5 厘米，缩小砍口，以减少杂菌侵入段木；但也不要留杈太长，避免给搬运和摆放带来不便。原木截断口和剔枝留杈砍口力求平整，不撕裂树皮，剔枝时斧口应自树基部往上砍，以免拉破树皮。

剔枝截断后，应立即用 5% 石灰水或 0.5% 波尔多液或多菌灵等涂抹断面、砍口和树皮脱落处等所有伤口，以防止杂菌从伤口处侵入。之后，按照段木的粗细和质地的软硬分类堆放，以便于接种后分别管理。

# 三、人工接种

### （一）菌种要求

选择适宜于段木栽培的香菇菌株或品种的栽培种。我国多使用木屑栽培种。在菌种质量上都要求菌龄适中、充满活力。木屑菌种的用量是：1 米³ 的段木，需准备 750 毫升装瓶的菌种 8 瓶。根据段木数量，按此要求备足菌种。

日本段木栽培香菇多使用木粒菌种和成型菌种。木粒是以木材为原料，用车床加工成直径 8.5～10 毫米、长 15～20 毫米的圆棒状颗粒，非常均匀；以这种木粒为原料制作的菌种称为木粒菌种。成型菌种是指将纯培养木屑菌种填置于塑料模具的圆柱状孔中，孔深 13 毫米，加盖塑料泡沫盖，压制成圆柱状形、再培养 5～7 天所形成的菌种。成型菌种具有接种方便、菌种易成活、生活力强等优点。

## （二）打孔器

对段木开制孔洞形成孔穴，才能将菌种接入到段木中。对段木进行开孔的工具称为打孔器。打孔器主要有电钻、接种锤、皮带冲和接种斧。电钻打孔具有减轻劳动强度和利于保证打孔深度的优点，现多采用电钻打孔。条件较差的山区则常用接种锤或接种斧打孔。皮带冲还用于打树皮盖。

## （三）接种方法

段木接种方法有 3 个作业步骤：打制孔洞、接入种块和封住孔口。

**1. 打制孔洞** 香菇菌丝在段木中沿纵向生长快，横向生长慢，由表及里的生长速度更慢。为此，要求打制孔洞排列应纵距疏，行距密，孔深够，位置多呈梅花形排列。在 1 米长的段木上，一般来说，纵距为 20～25 厘米，但距两切口面为 5 厘米，行距 5 厘米左右；一排 5 个、一排 4 个地错开排列（图 5–1），但在死节，树皮脱落，枝的切口等伤处四周多打 1～2 个孔穴。段木孔穴数的公式为：N=2DL+A，其中，N 为打穴数（个）；D 为段木直径（厘米）；L 为段木长度（米）；A 为补加穴数。垂直于段木表面进行开孔。打孔用电钻的钻头直径为 1.2～1.3 厘米，钻孔深度为 1.5～1.8 厘米。若孔洞过浅，种块易失水干燥，则菌种成活率低。另外，用皮带冲打制树皮盖备用，树皮盖直径较孔穴

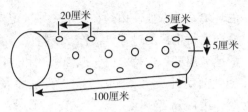

图 5-1　段木打孔位置排列示意
（谭伟，2009）

直径稍大 1～3 毫米，利于盖紧种块。树皮盖的厚度以 0.5 厘米为宜，太薄易被晒裂或脱落。

**2. 接入种块**　段木被开制孔洞后，应尽快向孔穴内装填菌种，装填时尽量不要压碎种块，种块不要装得太紧或太松，以利于种块通气和新菌丝很好地萌发。接种作业宜在晴天进行，最好是在搭建的避雨遮阳棚内，避免雨天高湿易污染杂菌和晴天太阳过猛损伤菌种情况的发生，以提高接种成活率。

**3. 封住孔口**　接种后及时将孔穴口封上。封口方法有两种：一是用事先准备好的树皮盖盖住孔穴，并用铁锤敲平，让树皮盖与段木树皮持平，既不凸出段木树皮也不凹下于段木树皮表面；二是可将石蜡液趁热用毛笔或毛刷涂于穴口、凝固成盖来封住穴口，要求涂抹均匀、与段木树皮保持平整、粘得牢固、涂刷直径比接种穴直径大 1 倍以上。

石蜡液的配制：先将 10% 的动物油如猪油和 70% 的石蜡加热到 150℃～160℃熔化，再将 20% 的松香碾成粉末加入其中、拌匀，加热至松香也熔化，即配制成了封口石蜡液。

# 四、发菌管理

段木被植入了菌种后有了香菇的菌丝，一般称为菇木或菌材。发菌就是香菇菌丝体在菇木内生长的过程。发菌管理就是为了在最短的时间内把段木培养成充满香菇菌丝的菇木，创造适宜菌丝生活

的环境条件，促使菌丝在段木中尽快定植（定植是指菌种的菌丝开始向木材生长的过程，俗称"吃料"）、在菇木中健壮生长，而采取的调节温度、保持湿度、遮挡阳光和通风换气等系列技术措施。香菇发菌期可长达 8～10 个月，一般将发菌期划分为成活期和培养期，进行分期管理。

## （一）发菌场地

发菌场地简称发菌场，是指堆放菇木的场所。选择发菌场要求场地周围应有水源、菇木资源以及高大树木遮阴，应坐北朝南或东南方向，或是冬暖夏凉的缓坡地带。通常有山林露地和农户庭院两种场所。

野生香菇原本就在深山老林的环境生长发育。因此，山林露地作为香菇的菌丝培养场所比较合适。加之，段木取之于山林，就地就近接种发菌，可减少搬运的辛苦，具有节力省工的优点。农户庭院作为发菌场，就在居家附近，具有管理方便的优点。

发菌场选定后，应对场地进行整理：彻底清理杂草，平整土地，挖出排水沟，修筑浇灌和喷灌设施，搭建起黑色遮阳网的荫棚。

## （二）成活期管理

将种块接入段木至菌丝定植这段时间称为菌种成活期。香菇种块刚刚接入段木中，对不良环境的抵抗力还很差，特别是遇到过于干燥或过度潮湿的外界环境，不仅种块不萌发新菌丝，而且菌种很容易死亡。因此，在此期间应重点采取遮阴、防雨、保温和保湿等技术管理措施来促进种块菌丝萌发和定植，以保证接入的菌种有较高的成活率。该过程俗称假困山。

**1. 菇木堆放**　接种时种块菌丝受到了一定损伤，生活力有所下降。为了使种块菌丝恢复正常生长，在一定时间内将菇木堆放于适宜场所，称为菇木堆放，目的是便于集中管理。

**（1）堆放场所**　选择遮阴避风、排水良好、温度适合的场地作为菇木的堆放场所，有的将堆放场所称为菇场。堆放场所一般选在山林露地和居家庭院，通常选择在接种场地附近。

**（2）保温堆放**

①堆放方式　接种好的菇木立即在菇场堆放。堆放方式有井叠式（"井"字形）、覆瓦式、蜈蚣式和"人"字形式。一般采取井叠式和覆瓦式堆放。井叠式堆放适合于雨水较多、场地较湿的菇场，利于通风排湿。覆瓦式堆放适合于雨水较少、场地较干的菇场，如北方干旱山区多采用此方式。

②井叠式堆放方法　先在地面垫一层厚度 10 厘米以上的砖石；再将菇木呈"井"字形交错堆码放置砖石之上，整齐地堆码成高 1.2～1.5 米的堆垛；然后用塑料薄膜或苇席或茅草等覆盖物，对堆垛的周围及上面进行覆盖，盖垛起到保温保湿、遮挡太阳光线直晒和躲避强风大雨的作用，以促进种块很好地萌发新菌丝、菌丝尽快定植。码堆时要注意不宜码得太高，否则不便操作。

**2. 管理措施**　码堆后经过 7～10 天，菌丝已经定植。以后每隔 3～5 天掀开薄膜或揭开苇席通风 1 次，并向菇木上适量喷水，喷水量或喷水程度以菇木表面已经喷湿均匀为宜。当气温在 10℃～15℃时，一般经过 15～20 天，可见树皮盖已被菌丝生长固定住，孔内菌种或孔壁上充满白色菌丝，接种口处长出白色的菌丝圈，说明菌丝生长良好。

检查菌种是否成活和菌丝生长情况的方法：接种 1 个月后，将种块挖出后观察，若穴内壁呈淡黄色并有香菇味，表示菌种已成活、菌丝已定植并已侵入菇木内。若见树皮盖已被菌丝生长牢牢固定住，孔内菌种或孔壁上充满白色菌丝，菇木截面出现有白色菌丝斑点状菌落，则菌丝生长良好。通常，菇木堆放大约需要持续 1 个月的时间。若 1 个月后还不见接种口处有菌丝圈出现，说明种块没有成活，则应及时掏去死亡种块、重新接上菌种进行补救。若发现穴内种块变成红色、褐色、灰色或黑色，表明菌种早就死亡，杂菌已经蔓延了，则应及时清除掉霉烂种块，在染杂处涂抹上石灰浆以控制杂菌继续蔓延，之后在染杂穴周边钻几个孔、重新接上菌种进行补救。

菌种成活率不到 90% 的菇木，其产菇量减少 2～3 成；成活率为 75% 的菇木产菇量常常只是成活率 100% 菇木的 5 成左右。

### （三）培养期管理

若菌种成活率高，即菌丝已经在段木的木质部中定植，具备了向菇木中进一步生长的可能。之后就应让菌丝进入到菇木中进行快速生长、大量繁殖。将菌丝定植后在菇木中不断生长蔓延，直至将菇木熟化得很好的这段时间称为培养期，又称养菌期。此期间的过程俗称困山。

**1. 培养场地**　进入培养期的场地宜选择在三分阳、七分阴的场所，或采用 70%～85% 的黑色遮阳网搭建起荫棚来作为培养场地。培养场地又称为养菌场地或养菌场。

**2. 及时翻堆**　翻堆是菇木管理的重要工作。接入段木的种块菌丝成活后，自然气温已经稳定地上升至 15℃以上，有利于杂菌滋生。此时一般应将菇木堆垛拆散，移至更通风、更适宜于菌丝生长的场所重新堆放，进行遮阴、通风、放杂菌等管理，继续培养，促进菌丝进一步良好生长，让菌丝大量繁殖熟化菇木。翻堆大多在雨后结合清场、调换遮阴物时进行。

**（1）翻堆的方法**　对菇木在堆垛内的上下、内外进行位置上的互换，即相互间的位置调整。目的是让菌丝在每根菇木及菇木的各个部位生长均匀。

**（2）翻堆的次数**　翻堆次数应因地因时而定。冬春季播种的菇木，因气温低而以保温为主，只要堆内无异常现象，可不必翻堆。3 月中旬后至 4 月上旬，气温回升，进行初次翻堆；若遇气温低时，翻后仍可紧密堆叠。以后每隔 15～30 天选择在晴朗干燥天气翻堆 1 次，直至梅雨季节结束。5 月份高温高湿，翻堆时将每根菇木排放稀疏一些，即根与根之间稍留出空隙，以增加堆内空气流通。7 月份开始，气温上升，可每月翻堆 1 次，要防止烈日直晒。

**3. 管理措施**　培养期重点采取清理堆场环境、喷洒药剂、通风保湿、干湿交替等技术措施对菇木进行管理。目的是预防病虫害发生、促进菌丝旺盛生长和菇木熟化。

（1）**未翻堆的菇木**　冬春季播种的菇木，因气温还较低而以保温为主，未行翻堆，但要求在晴朗温暖天气对堆垛进行适当通风换气，并喷水保湿即可。此期间，菌丝即使在枫类段木中定植，枫树也易发芽，一旦发现树芽应及时除掉，并置于较干燥的通风处。

（2）**翻堆及时去杂**　在翻堆过程中发现菇木两端截面、接种穴和树皮损伤部位有大面积绿霉等杂菌发生，应及时取出、除掉杂菌斑，用石灰水涂刷患处部位；并对染杂菇木另放单独管理，以免杂菌被风吹、雨淋传染到其他菇木，导致大规模菇木污染。

（3）**清理堆场环境**　菇木堆垛因为被覆盖，而且已历经堆叠1个多月时间，加之3月份来临、气温回升，原来树皮上的杂菌孢子可能萌发，外界的病虫也开始危害菇木。因此，要求结合翻堆工作，对堆场的环境进行全面清理。主要是清除堆场内及附近的枯枝落叶、腐烂枝桠、畜禽粪便以及因冬春堆垛上已经霉烂的枝叶、茅草、苇席等，实际上就是捣毁杂菌、病菌和害虫滋生的基物，保持堆场的清洁卫生，尽量不给其留有生存和繁衍的环境条件，以预防病虫害发生。

（4）**撒施喷雾农药**　在堆场内及附近的地面上和堆场死角处均匀地撒施石灰粉，喷施5%石灰水或0.5%波尔多液或多菌灵。向堆场内外空间环境和堆垛菇木表面喷施50%苯菌灵水剂、80%杀螟硫磷水剂，以预防病虫害的发生。

（5）**既通风又保湿**　重点对菇木采取通风保湿措施管理。一是时至6月上旬，翻堆时将菇木堆垛的位置选择在向阳、干燥场所，以利于通风，如深山密林的堆场主要还是保持干燥和通风。二是到6月份之后，气温升至20℃以上，进入高温干旱期，要求既要通风同时又要注意保湿，如平坦地堆场、大型人工棚堆场尤其要通风保湿。

（6）**干湿交替进行**　通风保湿可采取干湿交替，即干干湿湿的管理措施来解决。干湿交替的作用原理：一般的干燥不会使香菇菌丝死亡，原因是香菇菌丝在木材中具有干燥潜伏的能力。干，可使菇木内增加空隙，让空气能够进入空隙，间接地增加了氧气数量，起到类似于通风的效果，满足菌丝对氧的需求，促使菌丝由皮层深入木质部，积聚更多的营养。湿，能保证菌丝对水分的需求，以维持菌丝旺盛的生命活动，促使菌丝迅速旺盛生长。若仅仅只有湿，则菌丝只在菇木表面活动而不再深入向菇木内部生长。

为了产生干湿交替的作用，除了大自然气候的天晴下雨恩赐以外，在7～8月份高温干旱时，必须采取人工喷水、机械喷洒等措施，补给菇木水分。此时，菌丝已经纵深0.5厘米左右，每次应重重喷水、喷足喷够水分，而且连续1～2天都要喷水。一旦停止喷水后，就要停止喷水5～7天，才能起到干湿交替的作用，以达到预期的管理效果。

不少才开始栽培香菇的栽培者，只注意了湿的作用而忽视了干的效果，常常因对菇木的浇水过多，结局是菇木表层生长十分旺盛，但是菌丝并未向菇木内部深入，导致出菇后期只出几朵小菇的不良后果。

一般只要加强培养期的技术管理，直径10厘米的菇木，经过8～10个月的培养就会逐步熟化，其中菌丝体达到生理成熟，甚至菇木上会开始少量出菇（称为报信菇）。这标志着菇木成熟，栽培措施即可转入出菇期的管理工作。

菇木是否成熟，可采取"手提、指压、眼看、鼻闻"的方法加以判断。成熟菇木具有5个特点：一是手提菇木，质量较原段木大大减轻。一般枫香类菇木比原段木减轻30%～35%，乌岗栎一般减轻约25%。二是用手指撤压菇木表皮，稍感柔软而又有弹性。三是用刀劈进树皮及木质部，可明显地看见新鲜的黄色斑纹；菇木不费劲地很易被截断，断面呈淡黄色或浅黄褐色，菌丝已经长透树心，木质部的年轮已经难以分辨清楚。四是可见树皮外表面仍然保持原来的光泽，还零星可见有瘤状突起，说明菌丝生长良好。五是用鼻闻，剥开树皮的内侧或截断面，可闻到香菇菌丝特有的香味。根据这些特点，对菇木进行检查，就可判断菇木是否成熟。

在检查时若在断面发现有异常菌丝痕迹，出现黑色或黑褐色异样菌丝带并与香菇菌丝形成颉颃线，则说明被霉菌等杂菌侵入，这类菇木称为染杂菇木。甚至会发现有些菇木内根本没有香菇菌丝生长蔓延，这种菇木称为废菇木。染杂菇木和废菇木均可不要，予以除去而不参加出菇管理。

# 五、出菇管理

香菇菌丝体在段木中充分生长繁殖，将段木中的木质素和纤维素等物质进行分解、吸收和利用，变成了自身的菌体并在菌体中积累了大量养分，腐解了段木，使段木成为了充满丰富菌丝体的熟化菇木，为产生子实体奠定了坚实的物质基础。香菇一旦遇到对自身菌丝体继续生长不利的环境条件，香菇为了保持自身种族的存在并能继续繁衍下去，本能地就会产生生殖器官——子实体，子实体上发育出孢子，孢子类似于作物的种子，孢子由自然风吹或雨水冲淋传播到适宜菌丝生长的地方，继续繁衍。这就是香菇出菇的原理。

人工栽培香菇的最终目的是为了获得子实体，那么在此期间就要人为地制造香菇不继续菌丝体生长、而能够转向子实体生长的环境条件，让香菇很好地长出子实体的过程。出菇管理实质上就是采取控湿、调温等技术措施，制造不利于香菇菌丝体继续生长的环境条件，而营造出有利于子实体形成和发育的环境条件，让香菇由营养生长转向生殖发育的行为，促进菌丝分化原基和菌蕾，确保菌蕾正常发育成子实体，以达到既优质又高产的目的。

香菇出菇管理措施的重点是采取3项技术：干燥、遮光和补水。

## （一）出菇场地

出菇场又称菇场，是让香菇长出子实体的场所，应选择在不适宜于菌丝体继续生长而适宜于子实体形成和发育的场所，在环境要求上与养菌场不同。菇场的选择要求因地制宜，一般多在林地建造菇场，可选择在松、杉、柳杉、柏、竹林内。树木若长得过密则进行梳伐，若长得过稀则以黑色遮阳网做适当遮阴，以"三阴七阳"的遮阴程度为宜。清除地面荆棘、杂草，四周搭建防护栏，以减少杂菌害虫危害和牲畜破坏。将发菌场改造成菇场，需将树木郁闭度调整至 0.60～0.65。

### （二）管理措施

**1. 干燥避光**　将发育成熟的菇木，以"井"字形密集堆放，盖上薄膜或杉树皮遮阳，不让雨水漏入、停止水分供应，不透光、不让阳光照射。持续堆放半个月，之后再行温差刺激。

**2. 补足水分**　成熟的菇木经过数个月的发菌之后，往往大量失水，加之又给予了半个月的干燥避光处理，一旦补足水分，菌丝体便会加倍地活动起来。对菇木进行补水有两种方法：一是可对堆垛中的菇木连续喷淋水 2～3 天时间，使每根菇木均能吸收足够水分；二是将菇木放于水池中浸泡，使菇木吸足水分，浸水时间因气温而定，一般气温 15℃～20℃时浸水 24 小时，气温 15℃以下时浸水 36 小时。

**3. 催蕾出菇**

**（1）"井"字堆放**　菇木浸水后质量增加 50% 左右、皮层发软，将其竖立约 1 天时间，沥去多余水分，并让其充分通风，使菇木表皮水分干燥，然后呈"井"字形堆叠。

**（2）温差刺激**　菇木经补足水分后，就应采取措施，促使原基分化和菇蕾形成。

香菇菌丝体培养至适当阶段给予低温刺激，可促使其转入生殖生长。香菇是变温结实性真菌，给予一定温差刺激，可促使其原基分化。

香菇不同菌株的原基分化对温度要求不同：低温型菌株可在

8℃～10℃条件下开始分化原基，中温或高温型菌株必须在12℃以上分化原基，大多数菌株在15℃左右分化原基。昼夜温差大，如10℃左右的温差刺激，有利于原基分化。山野林地的这种昼夜温差很明显，就利于出菇。人工搭建的菇场可采取白天盖膜夜间揭膜的办法来人为地制造这种温差。

自然气温如在15℃左右，3～4天内菇木上便会冒出十分整齐的菇蕾来。

（3）"人"字架木 现蕾后多将菇木架排成"人"字形，以便于香菇出菇和人工采菇。

"人"字形架木的方法：在菇场地面先栽上一排排高度60～70厘米的木杈，两根木杈之间距离为5～10米，架上离地面60～65厘米高的横木。然后将菇木一根一根地交错排列斜靠在横木两侧，大头朝上、小头着地，每根菇木间隔10厘米左右，以利子实体接受一定光照、正常地生长发育，同时方便采摘。架与架之间留下宽30～60厘米的作业道，便于进出。也有将菇木在建堆时稀疏地堆码成井字形，不架木直接出菇，可减少架木用工。

4. 湿度调控 菇木架排之后，不应再喷水，这是保证菌盖厚度的重要技术环节。但此时重点措施应将菇场空气相对湿度调控到80%左右，让菇蕾正常生长并发育形成完整子实体。不然冒出的菇蕾遇到干燥的空气，生长发育受到影响，严重时干枯、死亡。空气太干时可用喷雾器向菇场地面和空中喷水增湿。若菇场空气相对湿度超过90%，会影响菇体商品性，则应加强通风以降低湿度。

在自然条件下段木栽培香菇，南方地区春秋季出菇多、产量高；北方地区春秋季则出菇不多，只有在夏季才是香菇出菇的盛产季节。在北方地区春秋季出菇管理要注意保温保湿，尽量延长产菇期，出菇期间要多喷水保湿，防止干热风侵袭菇木；在秋末冬初应特别加强保温措施，严防寒潮危害菇木。

5. 花菇及其形成 花菇为商品菇的一种称谓，是指菌盖表皮上具有明显的、白色的龟纹状裂纹的香菇子实体，具有柄短肉厚、口感细嫩鲜美、香味浓郁等优点，是香菇中的珍品和极品，具有很高的市场价位。为此，栽培香菇可制造适宜形成花菇条件的技术措施，最好能够多出花菇，以提高栽培经济收益。

（1）**花菇形成原因**　花菇发生的主要原因在于湿度、温度、光照3个方面，而湿度又最重要。已经分化出的菇蕾，若遇到环境干燥、低温并有一定温差和较强光照时间，则会发育成花菇。

（2）**花菇形成条件**　在菇木自身含水量可供原基形成和菇蕾成长但又不过湿的情况下，以下几种情况更容易形成花菇：

①空气干燥则有利于菇蕾发育成花菇　菇场地面水蒸发量低、堆场环境干燥，空气相对湿度在65%～74%之间（日本细野俊造认为在64%～75%）。菇蕾若在此湿度环境条件下，持续15～30天，必然会形成花菇。

②低温型品种更容易形成花菇　不同品种对温度的适应性亦不同，一般低温型品种更易形成优质花菇。因为花菇质地厚实的主要原因是生长较为缓慢，通常所见之商品花菇中，有一种纹理虽然较白，但肉质薄朵小，即属出菇温度偏高，生长过快而成。我国长江以北菇场，如湖北、河南、陕西等地，花菇比例较大，除出菇期气候干燥外，气温偏低亦为重要原因。

③温差较大有利于形成厚实花菇　冬季气温本身很低，菇蕾生长缓慢，若有较大的昼夜温差条件，菇蕾的生长与停滞交替进行，个体为了抗御过分低温放慢生长速度而使菌盖自然加厚，则有利于形成厚实花菇，提高花菇的产量。在12月中旬至1月上旬，气温8℃～15℃、温差在8℃～10℃，加之空气相对湿度约为68.4%，可形成较多的厚实花菇，如一般偏低温型的L-7401等菌株所形成的花菇质优朵大。尽管如此，温差对于形成花菇的纹理和裂度并不发生决定性影响。

④较强光照时间有利于花菇形成　强光刺激可使菇体组织更紧密而发育良好，增大其菌盖表面水分蒸发，使个体从菇木吸收的水

分无法满足菌盖表皮水分蒸发，促使菌盖表皮加速开裂。通常，菇场光照强度提高到 1 500 勒以上，可促进菌盖表皮开裂并加深裂沟深度。当气温在 15℃左右、白色纹理不深，而朵形完整、生长势旺时，则可加大至 2 000 勒以上。但必须密切注意对光的承受能力。较稳妥的方法是逐步增加光照度。

日照时数多，形成的花菇率高。如 1982 年 11 月份至 1983 年 3 月份这一出菇年度，南方段木花菇量大、质优。张寿橙（1984，1994）对几个菇场实测，旬日照时数平均为 59.8，比前 5 年平均 31.7 提高了 60% 以上，尤其是 1982 年 12 月中旬花菇最多，旬日照时数为 63 小时，下旬为 55 小时，都大大超过往年。

南方菇场冬春天气多阴天，有时虽晴但大雾迷漫，不利于花菇的发生。若增加日照强度，则有利于出花菇。

（3）**花菇的形成过程**　花菇菌盖表面形成的裂纹实际上是菌盖表皮细胞和表皮内菌肉细胞的分裂生长不同步所致。菌盖最外面的表层细胞在夜间处于较低气温，在白天处在空气干燥的条件下，细胞的分裂生长和繁殖就十分缓慢。而内部的菌肉细胞还仍然有菇木水分的供给，细胞的分裂生长和繁殖较表皮旺盛。其结果导致菌盖表层被不均匀地胀破而出现龟裂状纹路；同时，裂纹沟内露出白色的菌肉。使整个菌盖表皮有自然的、明显的、白色的龟纹状花纹，即形成花菇。

（4）**花菇的商品分级**　黄年来（1994）根据国内外市场要求，对干品花菇进行了品级的划分，提出作为商品的花菇应具有无霉变、无虫蛀、无杂质；菌盖厚而未完全展开；含水率≤12% 的基本特征。将花菇的品级区分为特级花菇、大白花菇、花菇、小花菇和花菇丁（表 5-1）。其中，每个等级的花菇又按其菌盖和菌褶色泽、菇形、厚薄等具体指标分为一级、二级、三级。一般菊花形花菇的商品性较网格形的好。

表 5-1　花菇的品级区分

| 等　级 | 菌盖直径（厘米） | 菌盖中心厚度（厘米） | 菌盖纹理 | 菌膜即菌褶 | 菌　柄 |
|---|---|---|---|---|---|
| 特级花菇 | ≥6 | ≥1.0 | 色白，菊花形 | 膜未全开，褶整齐 | 短，自然 |
| 大白花菇 | 4.5～5.9 | ≥1.0 | 色白，菊花形 | 膜开或未全开，褶整齐 | 短，自然 |
| 花　菇 | 3.5～4.4 | ≥0.8 | 色白或稍有不白，菊花形或网格形 | 膜开，褶基本整齐 | 短，自然 |
| 小花菇 | 2.5～3.4 | ≥0.5 | 色白或稍有不白，菊花形或网格形 | 膜开，褶不齐 | 短，自然 |
| 花菇丁 | 2.5 以下 | ≥0.4 | 色白或稍有不白，菊花形或网格形 | 膜开，褶不齐 | 短，自然 |

　注：菌盖直径表示朵形的大小；

　　　菌盖中心厚度以量测菌盖中心位置的厚度计，为内在指标；

　　　菌盖纹理指菌盖白色裂纹的大小、深浅和均匀程度，为重要的外观指标；

　　　菊花形指自菌盖中心向菌盖边缘呈放射状开裂，白色裂纹纵横向较均匀地分布，形成菊花状斑纹；

　　　网状形指菌盖上白色开裂浅，纵向开裂未达到菌盖边缘；横向开裂不深，而呈网状裂纹。

**6. 培育花菇**　花菇从实质上说是在不良环境条件下形成的一种畸形菇，但是对人们而言却是优质商品菇。因此，在出菇管理过程中可人为地制造对香菇正常生长发育不利的恶劣环境，采取相应措施，促使多出花菇。

**（1）两场制育菇**　两场制是指段木栽培香菇时将发菌场和出菇场分开准备和使用。不是将同一场所既作发菌场又作出菇场，即不是将原发菌场改造成出菇场的一场制。原因是菌盖花纹发生期要求既要有 65%～74% 的环境空气相对湿度，尤其又要有较强的光照，原发菌场不易达到此要求。

　　发菌场主要要求场地湿度较高、光照较弱的环境，即菇木处于空气相对湿度 75%～85%、光照维持"七阴三阳"的环境，以满足菌丝体健壮生长和防止过分干燥对菇木皮层的损伤。出菇场则主要要求场地干燥、日照较强的环境，即菇木处于空气相对湿度60%～74%、光照维持"七阳三阴"的环境。

（2）**严格避雨** 在菇蕾分化后的幼菇阶段可采取薄膜覆盖菇木的措施防雨，降低菇木对内湿度。若花菇已经形成，则采取暂时遮盖薄膜防雨，雨后揭膜进行通风，以免已经形成的纹路愈合而消失。遇到恶劣的阴雨天气，也可采取插伞或套袋的方法避雨：将伞形的塑料纸卷插于每朵菇旁，或以塑料袋套于每朵菇上，以遮挡雨水。伞形的塑料纸卷可以宽10厘米、长14厘米的透光而避雨的塑料纸卷制成伞形，将一支长约10厘米、可以插入树皮的铁丝固定其上。在日本还有香菇套袋栽培技术：当子实体生长到拇指大至鸡蛋大小时，套上塑料袋，有助于让其长成朵大肉厚的优质菇。

（3）**强烈通风** 当幼菇的菌柄粗短、菌盖厚而长势旺盛、菌盖直径长大至2～3厘米还不见开裂时，则可采取强通风措施，迅速降低空气相对湿度，同时增强光照程度，以促使菌盖开裂。一般是将菇木转移至附近通风口处，让自然大风促其水分蒸发而干燥起来；也可用电风扇送风，促其水分蒸发而干燥，使菌盖干裂、形成花菇。

# 第六章

# 香菇代料袋栽技术

香菇代料栽培，又称培养料栽培，是指利用各种农林废弃物代替原木来栽培香菇。代料栽培中又分压块栽培和袋式栽培两种方式。压块栽培是室内传统的栽培方式，主要是将玻璃瓶或塑料袋中发菌好的培养料挖出或脱袋，进行压块出菇。

袋式栽培，也称代料袋栽，又称袋料栽培、熟料袋栽、菌棒栽培等，可简称袋栽，主要是把发好菌的袋子脱去后直接在室外荫棚下出菇，具有原料来源广泛、生产周期短、可每年一季或多季栽培、生物学效率高、经济效益显著等优点。代料袋栽模式是我国香菇生产发展史上继段木栽培之后的一次重大技术革新，是我国现阶段的主要生产模式。代料袋栽适用于山区、丘陵区和平原区，是目前我国香菇栽培的主流方法，已在全国各地广泛普及应用、大规模栽培，成为广大农村农民增收致富的最有效途径。

代料袋栽香菇的主要生产工艺流程为：

原材料准备→菌袋生产→发菌管理→出菇管理→采菇

## 一、栽培季节

我国香菇栽培大多数是依据自然气温和香菇出菇温度类型来安排栽培季节，因地制宜地确定当地香菇的栽培季节。就是必须以所采用香菇品种的出菇温度类型和当地旬气温为依据来确定香菇的栽培季节。栽培季节的科学确定方法是：首先要将品种第一潮菇的出菇最适温度与当地旬平均气温保持一致或相吻合，然后倒推计算出接种时间，根据接种时间来安排原材料准备、料袋生产、接种和发菌等时间。

例如，适宜代料袋栽的品种Cr-02的出菇温度范围为10℃～25℃，出菇最适温度为17℃±3℃，菌丝体生长温度约为24℃。福建省屏南县城关（海拔827米）1986年的气象资料（表6-1）显示，4～6月份的旬平均气温为11.5℃～23.2℃、9～11月份的旬平均气温为10.5℃～22.3℃，与Cr-02的出菇温度范围为10℃～25℃较为吻合，由此可确定出Cr-02在屏南县城关适宜出菇期为4～6月份和9～11月份。于是，在屏南县城关栽培Cr-02可确定为春季栽培和夏季栽培。春季栽培的具体作业安排为：11月份生产母种，12月份生产原种，1月份生产栽培种，2～3月份生产菌袋（菌棒），4～6月份脱袋转色及出菇管理。夏季栽培的具体作业安排为：4月份生产母种，5月份生产原种，6月份生产栽培种，7～8月份生产菌袋（菌棒），9～11月份脱袋转色及出菇管理。

表6-1　福建省屏南县旬平均气温（℃）

| 月　份 | 1 | 2 | 3 | 4 | 5 | 6 | 7 | 8 | 9 | 10 | 11 | 12 |
|---|---|---|---|---|---|---|---|---|---|---|---|---|
| 上　旬 | 4.7 | 5.8 | 5.8 | 11.5 | 19.7 | 19.3 | 23.6 | 23.8 | 22.3 | 17.1 | 12.3 | 8.5 |
| 中　旬 | 1.3 | 8.4 | 3.8 | 13.0 | 16.6 | 22.2 | 23.6 | 23.7 | 22.5 | 18.0 | 11.9 | 9.8 |
| 下　旬 | 5.4 | 10.8 | 9.5 | 13.4 | 20.9 | 23.2 | 24.7 | 23.2 | 20.3 | 14.6 | 10.5 | 7.3 |

又如，Cr-20菌株的出菇温度为14℃～28℃，出菇最适温度为20±2℃，菌丝体生长温度约为24℃。由表6-1可知，5～10月份均有适宜的出菇温度，故在福建省屏南县城关可以使用Cr-20安排在夏季出菇。

四川省成都市生产鲜香菇，若需要在8～11月份大量出菇上市，则可使用金地1号菌株，在6月上旬制袋接种进行栽培；若要在 10～12 月份及翌年 1～3 月份大量出菇，则可选用香 26 菌株在 7 月下旬至 8 月上中旬制袋接种；若要在 7～9 月份集中出菇上市，则可在 5 月中旬制袋接种申香 2 号或苏香菌株。

在北方利用大棚温室栽培香菇，只要将温型品种安排得当，可一年四季栽培香菇。在中原地区可进行秋季栽培，如河南省西峡县和泌阳县的香菇立体小棚秋季栽培。

# 二、原材料准备

## （一）栽培原料

**1. 主料和辅料** 用于香菇栽培的原料有主料和辅料。主料有木屑、棉籽壳、玉米芯、甘蔗渣等，辅料有麦麸、米糠、蔗糖、石膏、石灰等。要求有机物原料未生虫、未霉变腐烂。

**2. 原料处理** 木材和玉米芯等需用粉碎机经粉碎加工成小颗粒，才可使用。玉米芯要粉碎成玉米粒大小，不应太细，否则加水后会黏结成团、透气性很差。作物秸秆或野草要求粉碎成 1～2 厘米长的小短节或呈草绒状小节，使用前浸水软化，以便于装袋。

**3. 培养料配方** ①阔叶树杂木屑 78%，麦麸或米糠 20%，蔗糖 1%，石膏 1%。料水比为 1:1.25～1.3，pH 值自然。②阔叶树杂木屑 63%，麦麸或米糠 15%，棉籽壳 20%，蔗糖 1%，石膏 1%。料水比为 1:1.25～1.3，pH 值自然。③阔叶树杂木屑 60%，甘蔗渣 18%，麦麸或米糠 20%，蔗糖 1%，石膏 1%。料水比为 1:1.25～1.3，pH 值自然。④金钢刺渣 78%，细米糠或麦麸 20%，石膏 2%。料水比为 1:1.25，pH 值自然。⑤发酵松或杉木屑 50%，杂木屑 28%，细米糠或麦麸 20%，石膏 2%。料水比为 1:1.25，pH 值自然。⑥棉籽壳 40%，杂木屑 40%，麦麸 18%，石膏 2%。料水比为 1:1.25～1.3，pH 值自然。⑦玉米芯 50%，杂木屑 20%，麦麸 18%，石膏 11.5%，蛋白胨 0.2%，尿素 0.3%。料水比为 1:1.25，pH 值自然。⑧甜菜渣 50%，杂木屑 30%，麦麸 18%，石膏 1.5%，过磷酸钙 0.2%，硫酸镁 0.1%。料水比为 1∶1.25，pH 值自然。⑨花生壳 80%，杂木屑 18%，石膏 2%。料水比为 1∶1.25，pH 值自然。⑩稻草或麦秸 56.5%，杂木屑 20%，麦麸 20%，石膏或石灰 2%，过磷酸钙 0.8%，尿素 0.5%，磷酸二氢钾 0.2%。料水比为 1∶1.25，pH 值自然。⑪小麦秸 37%～50%，玉米芯 24%～47%，棉籽壳 8%～20%，光物质肥料 3%～12%，石膏 2%～6%，氯化钾 0.3%，硝酸铵 0.5%～3%，含水量 72%～76%，此配方为美国报道的大床栽培香菇配方。

上述香菇栽培料配方中原料比例为干料质量百分比，前 3 种配方为生产性配方，其他配方为参考性配方。以棉籽壳为主料的配方中最好混配细木屑，使培养基更为结实、富有弹性，以利于香菇菌丝生长和后期补水。在实际生产应用中，各地可根据原料来源情况因地制宜地选择性使用上述基质配方。

## （二）其他材料

代料袋栽香菇除了栽培基原原料外，在生产中还需要装料袋及其外袋、扎口线绳、封口胶布和覆盖膜等其他材料。

### 1. 装料袋及其外袋

（1）**装料袋** 用于盛装培养料的袋子称为装料袋，也称栽培袋，简称料袋，是代料袋栽香菇的容器。装料袋通常是由低压聚乙烯吹成筒状塑料薄膜，栽培者自行剪裁而成一个一个的料袋使用，故又有塑料筒或筒袋的称谓。筒状塑料薄膜折叠成扁平双层状态，这种折叠成扁平双层的宽度常称为料筒的折叠直径，简称为折径。折径长度是料筒周长的 1/2，并不是数学几何中圆半径的长度。现在多数料袋生产厂家为用户剪裁成单个料袋并做了一端封口处理，栽培者免去了自行剪裁过程，直接装料后只封扎另一端袋口即可，更加便利了。

袋栽香菇通常使用装料袋的规格：长度×折径×厚度＝54 厘

米×15厘米×0.045～0.05厘米。其中，厚度在民间常用"丝"为单位，0.045～0.05厘米即为4.5～5"丝"（"丝"不属于国际国内规范使用长度单位范畴，不倡导使用）。

（2）**外袋** 在料袋接种后可不在接种穴粘贴胶布，而是加套一个较料袋大的薄型塑料袋即外袋。外袋规格一般为：长度×折径×厚度＝57厘米×17厘米×0.015厘米。使用外袋起到避免种块干枯和防止杂菌进入料袋的作用，目前被全国很多香菇栽培省份采用，如浙江、河南等，尤其在四川空气潮湿的盆地套袋做法大大降低了制袋杂菌污染率、有效地提高了制袋成品率，效果非常显著。

**2. 扎口线绳** 扎口线绳是指料袋装入培养料后对袋口进行捆扎的线绳。过去常用21支或25支纱线作为扎口线绳，要求质地柔软，既能牢固捆扎又能经手用力对拉可断，利于扎口时不用剪刀。现在多采用塑料丝膜作为扎口线绳。

**3. 封口胶布** 用于贴封接种穴的专用胶布称为封口胶布。通常采用白色透明的塑料粘胶布作为接种穴的封口胶布，起到避免种块散失和免于杂菌侵染的作用。厂方生产的食用菌专用塑料粘胶布的宽度为3.25～3.5厘米，每卷胶布长度1000厘米，每4卷装成一筒，每25筒装成一箱。使用前需剪成3.25厘米见方的小块，封穴时逐块撕开贴封。每10000棒菌袋约需要48筒胶布。使用了封口胶布就不再使用外袋。

**4. 覆盖膜** 用于覆盖菇床的塑料薄膜称为覆盖膜。通常选用幅宽3米、厚度0.06～0.07厘米规格的白色透明、料质柔软的高压聚乙烯塑料薄膜，用于覆盖宽度1.3～1.4米的香菇栽培出菇畦床，起到对菇床保温保湿的作用。

# 三、菌袋生产

香菇的菌袋生产，又称料袋制作、菌棒制作等，就是将已经准备好的、适宜香菇生长发育的培养料按照配方比例，加水配合，分别装进料袋内，封口后进行灭菌，待冷却后接上菌种的作业过程。菌袋生产是袋料栽培香菇的关键性技术，也是制袋成功率高低的重要性环节。

下面以配制1000千克"782011"木屑培养料，进行菌袋生产为例子，介绍菌袋生产的具体方法。

## （一）配 料

"782011"培养料配方为：杂木屑78%，麦麸20%，石膏1%，蔗糖1%。料水比为1∶1.25～1.3，pH值自然。按照配方比例，分别称取杂木屑780千克、麦麸200千克、石膏10千克、蔗糖10千克，备用。

## （二）拌 料

**1. 人工拌料法** 先称取的杂木屑倒于平整的水泥地面上，用耙子疏开、摊平，若遇粘连成块的一并耙散；若木屑太干，先用水适当预湿。再在附近另处将称取的麦麸摊开，将称取的石膏和石灰分别均匀地撒于麦麸之上，用铁铲将麦麸、石膏和石灰三者相互混合均匀。然后，再将混匀的麦麸、石膏和石灰均匀地撒于摊开的杂木屑料面上。随后，向料面均匀地洒水1250～1300升。最后，用铁铲顺着料面方向反复拌和，一般需往返4～6趟拌和，保证原料混合和含水均匀，不能让培养料中有未浸透水的干颗粒存在，以利于之后培养料灭菌彻底。

**2. 拌料机拌料法** 拌料机拌料具有减轻劳动强度、提高工作效率和操作简单等优点，目前多采用此法拌料。具体方法：按照培养料配方比例，将杂木屑、麦麸、石膏和石灰倒进拌料机的拌料仓内，先干料拌和均匀，再一边拌和、一边加水继续拌和，使料水混匀，同样不能有干料颗粒，即可。

## （三）装 袋

当天拌料应当天装袋，以免杂菌滋生。培养料的装袋方法有手工装袋和装袋机装袋两种。

**1. 手工装袋法** 取一个已经一端封扎袋口的料袋，打开料袋未封口的另一端袋口，将拌好的培养料用手一把一把地向袋内装填，当装至料袋 1/3 时把袋子提起来，在地面上小心地振动几下，让料落实，再用大小相当的啤酒瓶或玻璃瓶或木棒将袋内的料压实，装至满袋时用手在袋面旋转地下压或在袋口拳击几下，使料和袋结合紧实而不留空隙，然后再填充足量，袋口留长 6 厘米左右的薄膜，在离封口约 2 厘米处回折膜，用扎口线绳直接扎紧袋口。一般平均每袋装料量湿料重 2.1～2.3 千克，折合干料 0.9～1 千克。

**2. 装袋机装袋法** 大规模制袋时多采用装袋机装料，能够大大提高工作效率并保证装袋质量。一台装袋机一般可装 300～500 袋/小时。

使用装袋机装袋，无须使用一端已经封口的袋子，可直接使用裁切好的筒袋。装料时，取一个料袋，一端套进装袋机的料筒上，迅速用手顶住料袋的另一端，让料筒内转子将培养料灌注入袋子内，装满料后，取下料袋放于旁边，由旁边另一组人员对料袋进行封口，封口方法与手工装袋法相同。需要注意的是：装袋人员的动作要熟练、要快速，以便提高装袋效率，顶袋用力要均匀，以便保持装料松紧度一致。

日产 2000 袋（棒）的栽培者，一般只需 1 台装袋机，配备 6～8 人操作。操作人员安排：铲料上机、递袋和装袋各 1 人，3～5 人捆扎袋口。

无论是采用手工装料，还是机器装料，要求装料都要松紧适度。以袋内孔隙度 12.5% 为最佳。其检验方法为：五指用力握住料袋可见能凹陷；用一只手在料袋中部托起，料袋两端不向下弯曲。不能装得太紧，否则灭菌时很容易胀破袋子；也不能装得太松，否则袋膜与料不能紧贴，接种和搬动过程中袋内基料必然会波动产生气流，很容易使杂菌随气流通过接种穴进入袋内而引起杂菌污染。

装袋操作时要轻拿轻放，不拖不摩，更不可硬拉乱扔，人为弄坏料袋，以防止杂菌污染。

## （四）灭　菌

当天装好的料袋，应在当天进行及时灭菌，不宜久放。否则，若装好的料袋放置时间过长，尤其在高温季节，袋内培养料中自然存在的微生物就会发酵、迅速繁殖，会很快使培养料酸败和霉变，则导致培养料营养被破坏，甚至不能作为香菇栽培基质使用。灭菌的方法有常压蒸汽湿热灭菌和高压蒸汽湿热灭菌两种。广大农村通常采用常压蒸汽湿热灭菌灶对料袋进行灭菌。

**1. 常压蒸汽湿热灭菌法**　常压蒸汽湿热灭菌法，也称土蒸灶常压灭菌法或土蒸锅常压灭菌法，是农村广大专业栽培户和大型食用菌栽培基地常用的灭菌方法。土蒸灶具有结构简单、建造投资少、灭菌操作简单、安全、袋子不易破裂等优点，但是也具有消耗燃料多的不足。

土蒸灶的设计建造多种多样，但一般都由两大部分组成：产生蒸汽的装置和盛装料袋的灭菌仓（锅体）。产汽装置和灭菌仓的大小可根据一次性灭菌料袋的规模大小进行设计和自行建造。产汽装置可由铁锅内盛水加热、直接产汽，即产汽装置与灭菌仓为直接相通相连方式；也可用铁板焊制盛水箱体，加热箱体产汽，水蒸气由铁锅管道通入灭菌仓内底部，即产汽装置与灭菌仓为分体式。灭菌仓可由火砖、钢筋、混凝土浇筑而成（仓体中部留有小孔，供插温度表用，以检测仓内温度动态），也可在平地码好料袋后由帆布或彩条布等覆盖料袋而成。灭菌仓内一般铺设有砖块或木条并与仓底形成一定距离，以避免底层料袋浸水；灭菌仓外部可用棉被等保温材料覆盖严实作为仓体，以减少散热、降低能耗。

料袋装锅时，料袋从灭菌仓内底部挨个平放堆码，但不要码得太挤，料袋与料袋之间要留有蒸汽通过的空隙，让蒸汽在蒸仓内有回旋的余地，避免造成有灭菌不彻底的死角。若为大型土蒸灶，则灭菌仓内底部设置有轨道，料袋最好码在铁制集装框推车内，沿着轨道直接方便地推进灭菌仓，以提高装锅出锅工作效率。

料袋装锅结束后，先不要关闭仓门或不盖帆布，产汽装置加热快速产汽，蒸汽通入料堆0.5～1小时（料袋堆得多时间长点，料袋堆得少时间短点），让蒸汽将料堆内冷空气充分排出，再密闭仓门或帆布盖严料堆（用绳绑接严实、料堆四周边沿用沙包或沙袋压实帆布边缘，以避免大量蒸汽逸出为度）。随着蒸汽大量进入灭菌仓，仓内温度不断上升，当温度上升至100℃左右时，若为帆布仓体则帆布被蒸汽冲膨胀鼓起很硬时（帆布上放置2～3块火砖，鼓起的帆布也不沉下），开始计时，持续蒸煮保持14～20小时，然后焖汽4～5小时，冷却至常温后即可放入接种室（箱）接种。持续蒸煮保持时间的长短应根据灭菌仓盛装料袋数量的多少和灭菌季节而定，一般数量多又处于夏季则时间长，数量少处于冬秋季则时间短。

**2. 高压蒸汽湿热灭菌法** 高压蒸汽湿热灭菌法具有灭菌时间短，较之常压蒸汽灭菌更彻底、节省燃料等优点，但是也有购置高压锅设施投资巨大，操作不当不安全、易使袋子破裂等缺点。此法多在经济实力雄厚的大型工厂化栽培企业使用，而一般菇农、专业户不宜选用此法。

料袋装锅方法与土蒸灶灭菌的相同。灭菌操作要严格按照说明书执行，其操作要点：首先加热缓慢上压，至压力表0.5千克/厘米$^2$时放冷气1次，压力表回至"0"，又升压0.5千克/厘米$^2$时，压力表回至"0"，再放冷气1次，共计排放冷空气2次。然后逐步上压至1.1千克/厘米$^2$开始计时，持续保持灭菌2～2.5小时。特别要注意放汽降压宜缓，以免压力变化太大，蒸汽会将袋盖冲脱掉，甚致使塑料袋破损；灭菌结束，充分打开排气阀放净蒸汽，压力表回至"0"时才开锅下袋。

## （五）接 种

灭菌后的料袋趁热放入接种室冷却，料袋温度至28℃～30℃时方可接种，以免烧死、烧伤种块，影响菌种成活率。灭菌后的料袋不宜放置太久，否则感染杂菌的概率就会增大。料袋冷却后要及时接种。

**1. 接种前准备工作**

（1）**接种场所消毒**　在接种前 1 周就要将接种场所内的地面和操作台面等打扫干净，再用 3% 来苏儿溶液或 3%～5% 苯酚溶液喷雾消毒，关闭门窗 24 小时后开启通风 12 小时，排除药物残留气味。随后，将打孔棒等所有接种工具以及栽培种都放进去。

接种前，用气雾消毒盒，或克霉灵烟剂，或高氧二氧化氯，或菇保 1 号等对接种帐（或接种室、接种箱）进行消毒处理，药剂用量及使用方法见其产品说明书。

在塑料大棚内以薄膜搭建简易接种室作为接种场所时，在地面撒石灰做消毒处理。

（2）**操作人员准备**　接种作业人员在接种前，应穿戴干净衣帽，洗净双手，并用消毒液对手消毒。

（3）**栽培种预处理**　香菇栽培种因培养时间较长，一般在 35 天以上，其瓶口或袋口完全有可能已经附有杂菌，因此在接种前需对瓶口或袋口以及外表面做消毒处理。处理方法是：将种瓶口朝下，轻轻取掉棉塞，迅速移至火焰上方"秒杀"一下即可，然后用接种钩除掉老菌膜及菌种上部 1/4 部分的培养基，备用。若是袋子栽培种则脱去外袋，去除两头老菌膜，即可备用。

**2. 接种方法**

（1）**接种帐或接种室内接种法**　可由 3 人组成接种小组完成接种作业，其具体方法是：第一个人在接种室内负责打孔，用经消毒的直径 1.5 厘米、顶端为锥形的打孔棒在料袋腹面一边打 3 个孔，再在 3 个孔之间的对面打 2 个孔，共 5 个接种孔，孔深约 2 厘米。第二个人直接用手将菌种扳成近三角形的种块填放入打好的孔洞中，种块尽量填满孔穴，最好种块略高于料面 1～2 毫米；第一个人将薄型外袋直接、迅速地套在接种后的料袋上，并扎上口。以往栽培种多使用瓶装，接种时可使用专用取种器移接种块。现在多用袋装，接种时可直接用手扳取种块，非常快捷、方便。第三个人作为协助人员，主要负责进行递袋、码袋工作。3人小组协调配合接种，速度快、效率高。

（2）**接种箱内接种法**　可由一个人参照前种方法，独立进行打孔、填种块、套外袋及扎口操作。尽管接种速度慢和效率低，但是因箱内空间小，能明显地减少杂菌侵入，制袋成品率显著提高。

不使用外袋时，使用胶布粘贴接种穴，或用石蜡涂刷对接种穴进行封口也行，同样也可以防杂菌侵染。整个接种过程要严格无菌操作，动作要快，尽量缩短孔穴和种块暴露于空间的时间，防止杂菌侵入的机会，以减少杂菌污染、提高制袋成品率。

接种后的料袋称为菌袋。菌袋在发菌室中培养。

# 四、发菌管理

## （一）发菌场所与码袋

**1. 发菌场准备**　规模化栽培时，通常将塑料大棚既作为接种棚又作为发菌棚，即为香菇的发菌场，可减少因菌袋搬动造成杂菌感染。发菌棚内应清洁、卫生、不漏雨、干燥。堆码菌袋前在地面上撒一层干石灰，用伊维菌素喷雾空间，以起到防潮、预防杂菌和螨类的作用。

**2. 堆码菌袋**　接种完后，菌袋就地在塑料大棚内可作"墙"式堆码，如低温季节也可堆码呈"井"字形，4～6袋/层，堆码层数可根据当时气温确定，一般堆码8～10层，堆袋时接种穴要相互错开、不要被压住，成行成列地堆码整齐，码堆之间留出一定间距，便于通风；同时，预留好人行道，以方便管理人员进出。春夏季节发菌，堆码层数及每层袋数要少，码7层左右，每层3袋，以免烧袋。秋冬季节码袋层数可多些，码13层，可利用菌丝生长中发出的热量来增加培养环境的温度，利于菌丝生长。

发菌就是指创造适宜香菇菌丝体生长的环境条件，促进菌袋中的菌丝正常生长的过程。发菌期间主要根据当时的具体情况，采取调控温度和湿度、通风换气、预防病虫鼠害等措施，确保菌袋中菌丝体健壮和快速生长。

### （二）调控温湿度

将发菌培养室或发菌大棚内的环境温度尽量调控到22℃～26℃、不超过28℃，空气相对湿度60%～70%最为理想。生产中需要根据当地的具体情况，采取相应措施，将发菌环境的温度和湿度调节到适宜范围。

高温致使香菇菌丝细弱和老化，生命力下降，长时间过度的高温甚至可导致菌丝死亡，通常称为"烧袋"。既高温又高湿的环境极易引起害菌和害虫滋生和猖獗，导致病虫害发生。因此，发菌期间主要应调控好温、湿度，避免高温高湿导致"烧袋"和病虫害的发生。

**1. 通风降温**　江南大部分地区是在8～9月份接种，此时气温还很高，所以在白天尤其是中午，遇有超过28℃时，要立即采取开启门窗措施，进行通风换气，让气流带走棚内热气，达到降温的目的。遇到气温太高时，还应将菌袋码堆再排放稀疏一些，堆码层数再降低一些，更利于通风散热。一般菌袋内的温度比培养环境（如培养室或培养棚里）的温度要高2℃～3℃。

**2. 生石灰降湿**　若发菌环境湿度太高，则采取在发菌场所放置块状生石灰的措施，利用生石灰容易与水反应生成熟石灰的原理，让生石灰吸收环境中的水分，达到降低空气中湿度的目的。同时，采取开启门窗措施，加强通风对流，让流动的气流带走发菌棚内潮湿的空气。

### （三）避光培养

发菌期间，对菌袋进行避光培养。若在室内发菌，则要求门窗要有黑色的窗帘和门帘，以遮挡阳光进入室内。若在室外大棚内发菌，则要求大棚内增设黑色遮阳网或黑色塑料膜的小棚，以遮挡强烈太阳光线对菌袋的照射。

### （四）氧气供应

香菇为好氧性真菌。在其发菌期间应保证有足够的氧气供应。

**1. 通风增氧** 要结合室内的温度、湿度调节，通过开启发菌室或发菌棚的门窗进行通风换气，使空气产生流动，让大气中新鲜含氧的空气进入室内或棚内，以满足菌袋中菌丝体有足够氧气的需求，同时还带走室内或棚内菌丝体因呼吸作用产生的二氧化碳等废气。

通风的次数和时间，要随着发菌进程菌丝体数量增加的程度而递增。一般在刚接种后的 2～5 天内处于种块菌丝萌发和开始吃料的阶段，菌丝体数量少、需氧量也就少，不必通风；第五天后，可每 2 天 1 次，开启门窗通风 10 分钟左右即可；到了第十五天时，接种穴菌丝体呈放射状蔓延，菌落直径达 4～6 厘米；到 20～25 天时菌落直径可达 8 厘米左右，菌丝体数量已经较多，要求每天通风 1 次，每次 15～30 分钟；之后，菌丝体代谢旺盛、大量繁殖，数量很多，需氧量剧增，更应增加通风次数和加长通风时间，每天可通风 1～2 次，每次通风 60～90 分钟，直到菌丝体长满菌袋。

每天通风时段也应根据当天气温情况而定，一般气温高时在早晚通风，气温低时在中午短时间换气。

**2. 脱外袋增氧** 发菌进入中后期，菌丝体增多，需氧量增大，光靠通风措施难以保证足量氧气的供应。对套有外袋的菌袋可采取逐步脱袋的方式来逐步增加氧气供应量。当发菌进入第十五天时，接种穴菌丝体菌落直径达 4～6 厘米，这时要将外袋的一头解开，以增加新鲜氧的进入，促进菌丝快速健壮生长；在 20～25 天时，接种穴内菌落直径一般已经达到 8～10 厘米，菌丝体已经严实地封住了接种穴而占据优势，不必担心杂菌会侵入了，这时将外套袋脱至小部分，让内菌袋的一头露出，进一步让较多氧气有机会进入菌袋；进入发菌中期，菌丝体数量增长至整个菌袋近一半时，就应将外套脱至大半，让更多氧气被菌丝体利用；进入发菌后期，菌丝体布满菌袋时，彻底脱去外套袋，让菌袋裸露于发菌环境，各个接种穴处的菌丝能够与空气充分接触，利于吸收大量氧气。

对于没有采用外袋的菌袋，如在接种穴处以粘贴胶布片的菌袋，其增氧措施是：在发菌到 20 天左右、菌落直径 8～10 厘米时，须撕开胶布片呈"皱折"状态，留出一个小孔洞，让空气进入菌袋，以后参照脱外袋的做法，随着菌丝量的不断增多而逐步增大空洞，直至撕掉胶布片、裸露接种穴，达到增氧的目的。

**3. 刺孔增氧** 对菌袋进行刺孔是满足香菇菌丝氧气需要的一项重要技术措施。刺孔增氧在民间称为"放气"。刺孔增加了空气进入菌袋的通道，为菌丝体增加了氧气供应量。

班新河等（2015）试验认为，刺孔次数越多，菌丝越粗壮、洁白，满袋及转色时间越短，转色效果越好；发菌期刺孔 2 次，生物学效率达 92.05%，单菇重增加 0.65%。

**（1）打孔板的制作** 一般是将铁钉从一面向另一面钉穿过木板，制作成专用打孔板钉，以方便对菌袋进行刺孔。蒋昌钟等设计有两种打孔板钉：一种是 3 颗钉的刺孔板钉，即用 3 根 5 厘米长的铁钉制作成三角形的打孔板，另一种是用 12 根铁钉制作成与菌棒等长的打孔板。这两种打孔板在不同的时间进行使用。

**（2）孔径、深度与孔数** 班新河等试验认为，香菇菌丝满袋后第二次刺孔，采用孔径 5 毫米、孔深 4～6 厘米刺 63 个孔，其生物学效率最高。

**（3）刺孔时间与次数** 在发菌期间一般进行 3 次刺孔：当香菇菌落形成直径 8～10 厘米时进行第一次刺孔，当菌丝满袋时进行第二次刺孔，在第二次刺孔后 1 个月左右进行第三次刺孔。

**（4）刺孔的具体方法** 在发菌期间的刺孔方法：第一次刺孔，于香菇菌落直径 8～10 厘米时，使用 3 颗钉的刺孔板钉，在距离菌落边缘 2 厘米处周围刺出孔即可。第二次刺孔，当菌丝满筒时，使用12颗钉的刺孔板钉，对菌棒正反两边扎刺，每棒扎24个孔即可。第三次刺孔，在第二次刺孔后1个月左右时进行，方法与第二次相同。也可用菌袋专用刺孔机对菌棒施行刺孔。

（5）**注意事项** 一是要对打孔板进行消毒后使用，用高锰酸钾溶液浸泡打孔板即可，以防止交叉感染。二是扎孔后因棒内菌丝代谢加强，呼吸作用升温较快，应疏散菌棒，调节排放密度，避免高温烧菌。三是栽培花菇在越夏时不要刺孔，避免增氧引起代谢加强，造成菌棒表面形成瘤状物，加厚菌皮消耗养分。

### （五）勤查常管

发菌期间，要经常对菌袋进行观察和检查。一旦发现有异常情况出现，应立即采取相应措施，确保香菇菌丝体正常生长和提高菌袋发菌成功率。

**1. 翻堆检查** 接种后的7天内，这时种块菌丝处于刚刚萌发和开始吃料阶段，一般不要搬动菌袋，以免影响菌丝萌发和造成杂菌感染。发菌1周之后，就要对菌袋进行第一次翻堆。做法是：将袋堆中的上下、左右、前后和内外位置进行相互调换，重新堆放，让各个菌袋之间接受环境的温度、湿度和空气能够相对一致，促使菌袋都均匀发菌。

一边翻袋一边对每个菌袋进行逐袋检查：种块菌丝萌发定植情况、杂菌污染情况和香菇菌丝生长情况等。一般在接种后的7天进行第一次翻袋检查，以后每隔7～10天翻袋检查1次，直到菌丝长满菌袋为止。

（1）**菌丝萌发定植** 接种1周后，正常情况下，可见接种穴种块上新生出了白色茸毛状菌丝，而且菌丝体开始向周围的培养料中生长即开始吃料，生长过程中逐渐放出热量。此期间，若发现种块还未成活、成活很差或吃料很差、不能定植，有可能是栽培种本身已经死亡或生活力缺乏所致，还发现有漏接菌种的料袋，对菌种未萌发的菌袋和漏接菌种的菌袋则应立即采取重新补接菌种的措施加以解决。

若发现袋堆内温度过高，如超过 28℃时，则应及时采取"疏码稀堆"方式来降温：放低袋堆高度，将原来堆码的 8～10 层降低至 6～7 层；减少每层置放袋数，将原来每层放置的 4 袋减少至 3 袋；堆与堆之间留出 20 厘米左右的间隔；让空气流通来散热。同时，还可适当开启门窗通风带走发菌室或发菌棚内的热气。

（2）**菌袋杂菌污染**　在每次翻堆检查过程中要仔细检查菌袋是否被杂菌感染。若发现菌袋出现"花袋"或"花筒"，即菌袋内出现有不同于香菇菌丝的白色、红色、绿色、黄色、青色、黑色等异样颜色的菌落斑点或糊状物，呈现"五花八门"，表明菌袋被霉菌污染了，则应立即将被污染的菌袋挑选出来，进行隔离，并采取措施进行处理，以免杂菌孢子随气流飘到别处，感染其他菌袋。

（3）**菌丝生长情况**　发菌期间，要认真观察香菇菌丝在菌袋内的生长情况，如生长速度和生长势。若发现菌丝生长速度缓慢、菌丝稀疏细弱，一般是培养温度太低、氧气供应不足所致，则应增加袋堆高度和每层置放袋数，以提高堆内温度；正午时适当通风换气，提高发菌室氧气量。若发现大批量菌袋污染杂菌，在一定程度上可能是发菌室湿度太大，应采取开启门窗，通风换气，通过空气流动来降低空气湿度。

**2. 处理杂菌**

（1）**早期轻度污染菌袋的处理**　发菌期间，若检查发现得早，污染菌袋的培养料污染面小，还可以利用，则应尽快将污染袋重新灭菌和重新接种香菇种块。

（2）**中后期重度污染菌袋的处理**　若检查发现得晚，污染菌袋的培养料污染面特别大，香菇菌丝体总量还占不到培养料的 1/4 时，估计菌袋后期也出不了几朵菇，则应及时轻轻取出装入塑料大袋中并捆扎好，以免杂菌孢子飞散，带出发菌室焚烧或深埋销毁。

（3）**后期轻度污染菌袋的处理**　到了发菌后期，香菇菌丝体已经长满菌袋时还发现有少量的菌袋被杂菌污染，多半是在接种穴上或种块上出现红色菌斑或绿色菌斑，表明被红色链孢霉和青霉感染了，则应将染杂菌袋剔除隔离并进行处理：一是用利刀将杂菌斑块割除掉，割下部分立即焚烧掉，不让杂菌滋生蔓延，以免污染整个发菌室；二是对刀口切面处用20%甲醛、或饱和碳酸氢铵溶液、或3%～5%来苏儿液涂擦，以控制杂菌继续蔓延；三是对处理后的菌袋实现隔离培养，不与其他正常菌袋放置在一起。

**3. 总结经验，提高发菌成品率** 香菇发菌期间，最大的问题是菌袋被感染杂菌。分析原因，不断总结经验教训，在今后的生产中加以注意，避免类似问题再度发生，可有效提高菌袋生产的成品率和菌袋生产质量，有利于提高生产者的栽培技术水平。

**（1）料袋灭菌不彻底** 接种7天以后，大量菌袋内上、中、下部位的表面上出现绿色、黑色、黄色等霉斑，打开菌袋，料的中间也污染杂菌，而且污染的袋数多，这主要是对料袋灭菌不彻底所致。因此，在以后的拌料中应注意不能有干料颗粒存在，灭菌时应注意"上大汽后"持续保证灭菌时间，以免对培养料灭菌不彻底情况发生。

**（2）种块及附近染杂** 接种7天时，只在接种穴的种块上和种穴附近出现杂菌，袋内培养料其他位置没有杂菌出现，这主要是栽培种本身已经被杂菌感染所致。因此，在以后接种前应仔细挑选未被杂菌感染的栽培种来作为栽培用菌种，以免菌种带来杂菌。

**（3）局部少量染杂** 发菌中期菌袋的腹部等位置出现局部杂菌，数量也不大，而且其他位置没有杂菌，这主要是由于塑料袋被弄破、杂菌进入所致。因此，在以后的制袋生产作业中要轻拿轻放料袋和菌袋，以免弄破料袋和菌袋。

**（4）后期种块染杂** 发菌满袋后期在接种穴上或种块上出现杂菌，这主要是发菌环境高温多湿所致。因此，在以后对满袋菌袋的后期管理上应注意加强通风换气，降温降湿，以免高温多湿引起种块上生霉。

# 五、出菇管理

香菇菌丝在料袋中一般经过 50～60 天的培养，即可长满袋。这时需再培养 10～15 天，菌丝基本达到生理成熟，即可放置于出菇场地，采取相应管理措施，促使其进入生殖生长阶段：转色、原基分化、菇蕾形成和子实体发育。

## （一）出菇场准备

**1. 出菇场与菇床** 出菇场是指用于香菇菌袋摆放进行出菇的场所，又称菇场或菇房或菇棚。一般在菌袋满袋之前就应准备好菇场。菇场的环境条件应符合《NY/T 5358-2007 无公害食品食用菌产地环境》和《NY/T 391-2013 绿色食品—产地环境质量》中规定要求。一般较好的出菇场是：坐北朝南，西北风难以侵袭；土质以沙壤土为好，取水方便、易于排放但又不会被水淹渍；远离猪、牛、鸡舍的平整地块。

菇场一般在田间或空地上搭建塑料大棚而成，成为菇棚。在菌袋放置菇场之前，要将地面土壤翻起后平整，清除场地内外垃圾、杂草、瓦砾等，不给害菌和害虫留下滋生环境，在地面上撒一层干石灰粉，并用伊维菌素对地面和空间喷雾三氯杀螨醇等，以预防有害菌和螨类危害。

菇床指菇场内用来直接放置菌袋、进行出菇的地面或架层面。多数栽培者将地面作为菇床。若出菇袋放置在出菇架层上，则该架层面成为菇床。

**2. 菇棚搭建方法** 菇棚是由塑料大棚、内设小棚以及覆盖的遮阳网和塑料薄膜而构成的。一般多搭建于农田之上。菇棚的搭建通常以竹子、竹条或竹片或木条为骨架，加盖遮阳网而成。具有取材容易、建造方法简单和成本低的优点，广大菇农多用竹架菇棚。也有以钢管或角钢为骨架建造的钢架菇棚，具有经久耐用的优点，但是农户因建造成本太高而不采用钢架棚。下面介绍竹架菇棚搭建的具体方法。

**（1）搭建塑料大棚** 用直径2～2.5厘米、弯曲性好的竹子，拱成隧道式塑料大棚，宽度4～5米，棚高2.1米左右，大棚外用宽度8米、厚度0.01厘米的厚型聚乙烯膜遮盖，大棚最外层加盖遮阳网，大棚长度与场地长度相符合。成都地区在冬季日照少的情况下大棚无须使用遮阳网。

**（2）大棚内建小棚** 在塑料大棚内沿纵向搭建2～3个小棚，小棚长度与大棚长度相当。用竹条或大竹片为骨架弯曲而成，高度0.8～1米，小棚间留出40厘米空地，用于方便作业的走道。每个小棚内的地面即为放置菌袋出菇的菇床，菇床上用铁丝或小竹棍竖拉成行形成条格状，行间距25厘米，高出地面约18厘米，用于排置出菇袋。小棚可结合当时阳光及气温情况，灵活地加盖透明塑料薄膜或黑膜。

在我国北方，因为冬季气温特别低，菇棚多建成半地下菇棚，有较好的保温性能。无论什么样的菇棚，搭建起来后都要求要结实牢固，遮风避雨，御寒保温保湿。还可在菇棚四周栽种藤蔓类瓜果，如丝瓜等，藤蔓攀爬于菇棚四周即棚顶，让其藤蔓、枝叶为菇棚遮阴，成为立体种植方式，棚内地面既收菇，地上空间又得瓜果，以提高单位土地利用率。

## （二）排袋转色

**1. 排袋** 排袋又称排场，是指将发菌到生理成熟的香菇菌袋，摆放到出菇场里菇床上的过程。

**（1）排袋时间** 当菌袋中的菌丝长满栽培料后，在较强的漫射光下，再继续培养10～15天，袋内的菌丝基本达到生理成熟：菌筒表面有瘤状突起，接种穴处略有微棕褐色菌膜出现。这时正是排袋的良好时机。

**（2）排袋方法** 将菌袋排放在菇场小棚中的菇床里，与地面呈

60°～70°斜度靠置于铁丝或小竹棍上即可。菇床中每行排袋的数量一般为7～13袋，袋与袋之间的间隔为5～6厘米，以利于子实体出菇。一般每667米$^2$菇场可排放8 000～11 000个菌袋或菌筒。

**2. 转色**　生理成熟的香菇菌袋排袋后，因受到较强散射光线照射、得到充足氧气和较高湿度，经过一定时间，在基质表面逐渐长出白色茸毛状菌丝，随后倒伏，形成膜状的菌膜，这种膜状菌膜或菌被称为"人造树皮"，具有类似树皮的作用。同时，菌丝分泌出一种褐色的色素，使菌膜的颜色由浅变深。这个过程称为转色。

转色是香菇菌丝体适时正常生长发育的标志。菌袋是否转色、转色的深浅和转色菌膜的厚薄事关后期出菇的早迟、多少和品质。颜色转变成红棕色、菌膜厚度适当最为理想：出菇正常，产量高，菇形适中。因此，要创造有利于菌袋转色的温度、湿度和光照，促使其转好色。

菌袋转色是香菇出菇管理技术的关键。我国各地气候差异较大。一般南方温暖潮湿，多采用先脱袋后转色方法；在北方寒冷干燥，既可用先脱袋后转色方法，又可用先转色后脱袋方法，还可采用袋内转色割袋的方法。

**（1）先脱袋后转色**　菌袋经过约60天的培养，菌丝体的生长已经趋于成熟，将其塑料袋脱掉、排放于菇床中，进行管理促使其转色。菌袋脱袋后改称菌筒或菌棒。脱袋就是用单面刀片如剃须刀，沿袋面纵向割破，剥去塑料袋，让菌筒裸露的过程。

①适时脱袋　当菌袋菌龄达到60天左右，袋内基质菌丝体浓白；基质表面出现红褐色斑点、部分地方发泡起蕾；接种穴周围有不规则小泡隆起；用手抓起菌袋富有弹性感觉。这是菌丝达到生理成熟的标志，也正是脱袋的时候。

脱袋作业应选择在晴天或阴天进行。气温16℃～23℃为脱袋的最适温度。气温高于25℃或低于12℃时不脱袋。气温高于25℃时脱袋，菌丝易受损伤；低于12℃时脱袋后转色困难。

②转色管理　应一边脱袋，一边排放于菇床条格中，与床面形

成60°～70°的夹角，并用塑料薄膜盖上，菇床上暂不用竹条或竹片拱起。菌筒排场后3～5天，气温高时3天，气温低时5天，盖紧菌筒、不要掀动薄膜，以利保湿保温，让薄膜内层蒙上一层密密麻麻的水珠，造成高湿环境，以促进菌丝康复并转色，以及菌筒表面菌被的形成。

5～6天后，可见菌筒表面长出一层浓白的香菇茸毛状菌丝，这时开始每天通风1～2次，每次20分钟，以促进菌筒表面菌丝逐渐倒伏，形成一层薄薄的菌膜，菌丝开始分泌色素，吐出黄水。这时就应掀膜，向菌筒上喷水，每天喷水1～2次，持续2天时间，以冲洗菌筒上的黄水。

喷水后再盖膜。菌筒表面开始由白色略转为粉红色，之后，逐渐转变成红棕色。一般脱袋后经过12天左右，即可完成转色的过程。

**（2）边转色边脱袋**　四川盆地湿度高、温差小，香菇菌袋采用先脱袋后转色方法，霉菌污染严重，转色也困难。为此，多采用边转色边脱袋或转色后再脱袋的方法，取得较好效果：污染率低、转色较好。

具体方法是：香菇菌丝长满袋后继续在培养室或发菌棚内培养，让其袋内基质表面自然形成有"爆玉米花状"突起物，并有小面积呈现锈褐色时，先不脱袋，而是直接移至塑料大棚内菇床上排袋，用锋利刀片将转色部位的塑料袋膜割掉，保留未转色部位的塑料袋膜维持原样，转色后再割膜，即让其边转色边脱袋；或者让菌棒在袋内转色后再脱袋。实践证明，自然边转色边脱袋或者先转色后脱袋的做法在四川盆地很好地解决了转色中绿霉的感染，是行之有效的转色措施。

## （三）催生菇蕾

对转好色的香菇菌筒，采取适当的管理措施，就可促使其香菇由营养生长转入生殖生长，分化出原基，原基进一步又分化形成菇蕾，这个过程被称为催生菇蕾，通常简称催蕾。主要是采取制造温差和提高湿度的办法来催蕾。

**1. 菇蕾形成条件**

（1）**菇蕾的形成**　香菇的菇蕾是由其原基分化所形成。原基分化是因为菌丝生长到足够数量，菌丝体内已储藏了丰富的养分，达到了生理成熟，如转色好的菌筒，这时若突然遇到外界低温和温差刺激，菌丝的活力则突然下降，继续生存受到威胁，为了保存自身种族的延续，本能地就会从营养生长转入生殖生长阶段，以繁衍后代，菌丝体在基质表面相互紧密地扭结在一起，并形成略凸起组织结构物，这种略微凸起组织结构物就是由菌丝体分化出的原基，整个过程称为原基分化。

原基是子实体的最原始体，结构非常简单，仅仅是菌丝体的高度扭结，呈白色豆粒状，较紧实，还没有香菇子实体的外形。原基经过继续分化和生长后，就会发育形成具有子实体雏形的菇蕾，或称幼菇、幼蕾，菇蕾经过不断生长，顶端部分变成褐色，逐渐膨大、分化出菌盖；白色部分逐渐伸长变粗生长，分化形成菌柄，再继续发育长大，就形成香菇完整的子实体。子实体实际上是菌丝体组织化的结构。

（2）**菇蕾形成的条件**　香菇是变温结实型真菌。一般菌筒在环境温度5℃～25℃，温差3℃～10℃，空气相对湿度80%～90%，阴蔽度65%～80%条件下，适宜香菇原基分化和菌类形成。高温型香菇所需温差较小，3℃～5℃即可；低温型香菇所需温差较大，要5℃～10℃。要求温差5℃～8℃条件的居多。

**2. 催蕾方法**　在对菌袋转色管理的同时，若环境条件适合，则香菇原基会在转色管理时同步分化，甚至有的出现菇蕾。尽管如此，还是需要围绕香菇的菇蕾形成所需的条件，采取有效措施，以催生出更多菇蕾。

（1）**揭膜盖膜，制造昼夜温差**　在冬季我们采用在有阳光的白天封严大棚，菇床上的小棚遮盖透明薄膜，让棚内温度升高，到夜间12时至凌晨2时，气温下降至最低时揭开大、小棚两头薄膜，让冷空气袭击，使白天温度比夜间有3℃～10℃的昼夜温差，以促进香菇原基形成。

（2）**保湿通风，相互协调兼顾**　菇棚内空气相对湿度保持在80%～90%。若冬季空气干燥，则在棚内喷雾状水汽，以提高空气湿度。每天在正午时开启大棚两端的门膜，揭开小棚薄膜，自然通风1次、时间在半小时左右，保证有适量氧气供应。但通风时间适当即可，不宜过长，以免环境干燥，影响保温保湿效果。

（3）**适当光照，诱导催生菇蕾**　光照对香菇原基分化和菇蕾形成有诱导作用。保持菇场内七分阴、三分阳的光照条件，有利于加快菇蕾的形成。

另外，在菌筒转色和催蕾过程中，有时在菌筒表面有冒茶褐色水珠的现象，是正常现象。若见茶褐色水珠过多，则可以用干净纱布吸干，也可以在喷水时顺手用喷头冲洗一下，以免菌膜增厚，影响出菇。待菌筒晾至不沾手时即覆盖薄膜保温。

在转色、催蕾过程中常出现菌筒发黑腐烂或被绿色木霉污染的现象。其原因：一是脱袋过早，由于菌丝生长得较弱，适应外界环境能力差，从而抵抗杂菌的能力差，喷水后易引起杂菌污染和烂筒；二是高温高湿、通风不良引起杂菌污染。预防的办法：适当推迟脱袋或是将未长好的料块切除；控制湿度，尤其是菌筒上不能有明显的积水；如果发生杂菌，在患处撒些干石灰粉或涂抹甲基硫菌灵药液。

## （四）出菇管理

菇蕾形成后，一般经过3～5天时间，就可发育成完整的香菇子实体，这个过程通常称为出菇。这个时期常称为出菇期。出菇期管理主要根据出菇季节的气候，加强对菇场环境的温度、湿度、空气和光照进行合理调控，满足栽培品种的出菇特性，实现出菇优质和高产的目的。

**1. 秋菇管理措施**　香菇在9～11月份长出的菇，称为秋菇。秋季气温逐渐下降，秋季出菇的管理重点是调控菇房内温度和湿度，要求温度达10℃～20℃，昼夜温差达10℃以上；空气相对湿度达到90%左右。

（1）**掀动盖膜**　秋天前期气温较高。主要采取掀动薄膜进行通风措施来降低菇房温度和制造温差。其通风次数依气温而定。一般菇房23℃以上时，每天通风不少于3次，早、中、晚进行；18℃～23℃时，早、晚各1次，17℃以下每天1次。秋天的中后期气温逐渐降低，可根据气温变化情况，灵活地减少掀动薄膜的次数和通风时间。

（2）**喷水和注水**

①喷水　初次现蕾的菌袋或菌棒，如第一潮菇期间，培养料基质中含水量充足，完全能够满足菇蕾生长所需水分。重点采取用喷雾器向菇房环境空间和菇床内喷水的措施，提高空气湿度，确保子实体生长发育对空气湿度的需求。一般在菇蕾长到黄豆粒大小时开始喷水，气温超过20℃时，宜早晚喷水，不宜中午喷水；宜在空中喷雾，空气相对湿度保持在85%～90%。喷水的次数依具体的情况而定。一般雨天少喷，晴天多喷；菇蕾小和少就少喷，菇蕾多、子实体较大就多喷；保湿性能好的菇房或菇床少喷，保湿性差的就多喷。

第一潮菇采收后，可以掀膜通风，不要喷水，让菌棒表面适当干燥，菌丝体恢复生长1周左右，采收菇体菇脚留下的凹陷处菌丝逐渐长满后可继续喷水，或者将薄膜放低，达到保温保湿的目的。结合掀膜通风，增大温差，保持湿度，促使下一潮菇蕾很快形成。

②注水　秋季出菇比较明显，潮次集中，每潮出菇高峰期4～5天，每潮菇间隔7～10天。当采过2～3潮菇之后，随着大批采摘菇体，菇体将基质中的水分也大量带走，菌棒因失水重量明显地减少，当菌棒的质量减少1/3时，可用注水器给菌棒内部注水，或将菌棒置于水中浸泡，以补充菌棒内的含水量。注水或浸水的时

间因菌棒具体失水多少而灵活掌握，一般约数小时即可，不宜时间过长。

具体方法是：将注水器接在有一定水压的自来水管或潜水泵水管上，把注水针沿着竖立方向插入菌棒中间，打开注水器开关，持续 20 秒钟左右，直至菌棒表面有水渗出来为止。每人每天可注水 800 袋左右。

（3）预防杂菌　脱袋或采菇后，菌丝正处于恢复生长阶段，抵抗杂菌侵染的能力较弱，很容易遭受青霉、毛霉、曲霉、木霉等霉菌的危害。应采取措施预防杂菌：一是采摘菇体时要完整地摘除菇柄脚，不要在菌棒上留下菇脚，以免菇脚日后霉烂发生污染。二是一旦发现菌棒上有霉菌斑，应及时用刀或竹片将霉菌斑连同周围部分基质刮除掉，刮除的菌斑块装入密闭塑料袋统一烧毁；在染杂处可用 0.1% 多菌灵或 5% 新洁尔灭或 3%～5% 苯酸溶液擦涂。三是适当地对菇房加强通风换气，控制杂菌蔓延繁殖。

**2. 冬菇管理措施**　香菇在 12 月份至翌年 2 月份长出的菇，称为冬菇。冬季气温低，冬季出菇管理措施的重点是提高和保持菇房内的温度，要求菇房内温度不低于 6℃。

早晚不宜开启菇房门窗，下午可开南窗。在温度低于 4℃ 时，一般不要掀膜通风。晴天气温回升，可利用中午或下午掀动薄膜适当通风。若菌棒很干燥、基质失水太多，则可在暖和的晴天适当喷水，以补充基质水分的不足，但一般情况不喷水，尤其切忌喷重水。若保温保湿措施得当，冬季可出 2～3 潮菇，每潮菇间隔 20 天以上。

利用冬季干冷气候，因势利导多产花菇。在冬季，当菇蕾的菌盖直径生长至 2～3 厘米时，突然遇到干燥的低温袭击，菌盖表面的细胞停止生长或生长很慢，而菇肉内部还在生长，内外细胞生长不同步，即"内湿外干、内长外不长"，导致菇盖表面龟裂成花纹。一般气温在 8℃ 以下，较易形成。在冬季出菇管理时，可因势利导，抓住时机，一般在夜间掀开塑料薄膜，让冷空气突然袭击菇体，菇盖出现裂纹后，在8℃以上的菇床中培养，始终不能受雨淋，经常保持有干燥气流吹过，促使有较多的菇体发育成肉厚、柄短的花菇，提高花菇形成率，以增加香菇栽培的经济效益。

**3. 春菇管理措施** 香菇在3～5月份长出的菇，称为春菇。春季气温回升，雨量充沛，恰好满足香菇菌丝体生长和子实体形成对温度和湿度的需求。因此，春季是香菇结实的盛期，一般要出3～5潮菇，产量占整个出菇期的60%～70%，每潮菇的间隔时间为10～15天。

春季出菇管理措施的重点是对菌棒实施补水。因为菌棒度过了秋、冬两个干燥的季节，已经出产了几潮秋菇和部分冬菇，菌棒内的含水量严重减少，有的重量减少了1/2，即含水量降至30%左右。进入春季，就需要补充水分给菌棒，让菌丝体正常生长，才能出菇。补水的方法有浸水和注水2种。

**（1）浸水法**

①浸水时间 一般选择气温稍低的日子浸水。早春时节，气温较低，一般在15℃以下，这时宜选日暖的时候给菌棒浸水。一般气温太高，如25℃以上的时候，不宜浸水；即使需要浸水，应创造低温水质来实施浸水作业。

②浸水方法 先用长度10～15厘米、竹筷大小的竹竿或8号粗的铁丝，刺扎进菌棒的两端和中间，使菌棒上形成孔洞。再将菌棒排放于有清洁水的水沟或水池之中后，用木板盖在菌棒之上，木板上再用石头等重物压置，把菌棒淹没于水中，水由孔洞浸入菌棒基质内部，让菌棒充分吸透水，一般持续浸水8～12小时，可使菌棒含水量达到60%～65%。菌棒是否吃透水的检验：用刀随机切开菌棒，观察其横断面的颜色是否一致，若横断面的颜色一致，则说明菌棒吃透了水；若横断面的颜色相对色较白，则说明菌棒还未吃透水，应继续延长浸水时间，直到浸透水为止。

浸水的时间不能太长，浸水的次数也不能太多。否则，菌棒吃水过饱，则菌丝体会衰老，菌棒会过早自行解体、散落，严重影响出菇甚至不出菇了。

（2）**注水法** 用注水器给菌棒内部注水即可。注水法与浸水法相比：采用注水法就地补水，无须搬动菌棒，可大大节约搬运用工量而具有节约劳动力成本的优点。还可在滴注水中溶入某些营养物质和药品，使香菇早生快长，达到增产和增收的目的。

（3）**出菇管理** 菌棒浸水结束后，重新排场，待菌棒表面的流动水稍干燥后，罩紧薄膜，保温保湿养菌，2～3天后，开始掀膜通风。

①掀膜通风 菌棒浸水后，罩紧薄膜，在菇畦内保温发菌，即保持菌丝生长温度，让菌丝恢复生长。为让菇畦内增加氧气、降低二氧化碳的含量，每天视情况通风1～2次，每次1～2小时，遇到阴天或雨天，可延长通风时间。

②制造温差 浸水3天后尽量增大温差、湿差，使其从营养阶段再次转入生殖阶段，迫使菌丝体进一步分化出更多的菇蕾。当气温上升到25℃以上时，菇蕾形成受到抑制，可用冷泉水浸水，或浸水后放入4℃的冷库1～2天，以促进菇蕾形成。

**4. 夏菇管理措施** 香菇在6～8月份长出的菇，称为夏菇。夏季气温高，出菇困难，即使出菇也常因生长发育很快而形成薄菇和小菇较多。因此，一般利用自然气温栽培香菇在夏季出菇的不多，多让菌棒越夏后在秋季出菇。

但是，夏季食用菌鲜品较少，鲜菇价格较高，也可因地因时地采取有利于出菇的措施：一是选用高温型品种，根据品种出菇特性合理安排制袋接种季节和出菇季节；二是冷凉水刺激，如在白天浇灌流动的冷凉山泉水对覆土菌棒和菇棚进行降温，人为拉大昼夜温差，保持湿度，调节小气候，促使菌棒分化形成菇蕾、长出菇来；三是用软质棍棒或以旧车外胎橡胶或塑料鞋底等，轻轻拍打菌棒，起到"惊蕈"作用，以催促菇蕾形成。但要注意不宜过重和多次频繁拍打，以免导致长出来的菇小和菇密、甚至烂棒；四是注意揭膜通风降温，可将大棚薄膜去掉，只保留遮阳网，以免夏季因高温高湿而导致杂菌污染菌棒。

# 第七章
# 香菇采收与加工

适时采收香菇子实体是为了确保菇体的商品价值。香菇加工的意义在于延长产品的保存期、丰富产品的类型、提高产品的附加值、均衡市场的供应和提高栽培的经济效益等。

## 一、适时采收

### （一）采收标准

香菇的采收标准主要依据子实体发育的成熟度，即菌盖的开伞度而确定。开伞度是指菌盖相对两卷边内边缘的距离与菌盖宽度的比例，以"分"表示，平展为 10 分。

一般在香菇子实体生长发育至 5～8 分成熟的时候，是采收的适宜时期。这时采收的香菇：菌盖边缘仍处于向内卷曲状态，菌膜未破裂或刚刚破裂，形态美观，清香浓郁，菌盖厚实，肉质鲜嫩，折干率高，品质优良。若采收得太早太嫩，就会影响栽培单产，则导致栽培经济效益下降，不划算。若采收得太迟太老，子实体过于成熟，菌盖边缘会向上翻翘，外观难看，则失去了商品价值，消费者不易接受，难以卖出去；而且菌褶上的孢子大量弹射掉，单菇体重下降，也会影响栽培经济效益。

在适宜采收期内，可根据市场对香菇鲜品的需求和加工产品的需要，确定相应的采收标准。

**1. 国内鲜销菇的采收标准**　香菇子实体生长发育至 7～8 分成熟时，作为国内鲜销菇的最适采收标准。这时采收的香菇：菌盖还未完全展开，边缘稍微内卷呈铜锣边状，菌褶发育完全并刚开始弹射孢子，具有菇形美观、肉质结实、菇体较重和商品性好等优点。在市场上能够卖出好价钱。

**2. 加工脱水菇的采收标准**　香菇子实体生长发育至 6～7 分成熟时，作为加工脱水香菇的最适采收标准。这时采收的香菇：菌盖边缘内卷较紧，菌膜尚未完全脱落，若采收及时烘干品质较优。

**3. 销售保鲜菇的采收标准**　香菇子实体生长发育至 5～6 分成熟时，作为市场保鲜菇的最适采收标准。这时采收的香菇：菌盖边缘呈内卷状态，在菌盖边缘与菌柄之间形成的菌膜清晰可见、稍有破裂，利于较长时间保鲜。

**4. 出口菇鲜销菇的采收标准**　香菇子实体生长发育至 5 分成熟时，作为出口鲜销菇的最适采收标准。这时采收的香菇：菌盖边缘呈内卷状态，在菌盖边缘与菌柄之间形成的菌膜还未破裂。菌盖、菌膜和菌柄各个器官非常完整，菇形特别美观，售价非常高。

## （二）采摘方法

采摘工作宜在晴天进行，而且在采摘的头一天就不应向子实体喷水；否则，会影响到菇体品相和品质。采摘具体方法是：用手握住菌柄基部用力旋转取下，轻轻放入竹筐或塑料筐等盛装容器内即可。

采摘时注意事项：一是按照采收标准要求进行采摘；二是采摘人员最好戴上布质手套采菇，以免手指上的汗渍污染菇体，保证鲜菇卫生；三是在不影响基部小菇蕾的情况下，不留菇柄脚，以免菇柄腐烂生霉殃及料面污染；四是一旦发现有枯萎、死亡、腐烂的菇，一定要及时清除掉，以免引起菌筒污染。

## （三）盛菇用具

盛菇用具指香菇采摘时盛装鲜菇的容器，如竹篮、竹筐、箩兜、背篓、塑料筐、塑料桶等。要求盛菇用具干净卫生，塑料制品的盛菇用具必须符合《GB 9687—1988 食品包装用聚乙烯成型品卫生标准》和《GB 9688—1988 食品包装用聚丙烯成型品卫生标准》，以免香菇产品被污染而影响质量安全。

# 二、保鲜与加工

通常，消费者购买鲜香菇渴求能够很新鲜，这样料理出来的菜品才会味道纯正、鲜味浓郁。香菇在采收后一直到进入消费者厨房进行料理之前，要经历简易包装→库房暂存→路途输运→市场批发→各大超市和商场→货架存放等过程，被客户选购才能进入厨房。在这段时间里，要求对鲜菇进行短时期的鲜度保持，其意义在于满足顾客对香菇新鲜度的需要。

规模化栽培香菇，出菇季节收获鲜菇数量很多，有时会遇到一时鲜菇难以卖出，出现鲜菇积压而腐烂变质的问题。遇有这种情况，可对鲜菇进行脱水干燥，加工成干菇产品，进行较长时间的保存，在出产鲜菇的淡季慢慢地销售。

## （一）贮藏保鲜

**1. 鲜菇腐烂的原因**　香菇采收后仍然是一个活着的有机体，因为采摘使菌丝体脱离了培养料，菌丝体细胞得不到养分、氧气和水分的供应，原有的正常生理活动遭到破坏，多种生物酶的活性下降，有氧呼吸作用停止，细胞慢慢衰老、最后死亡。菇体表现出因失水和无养分来源而慢慢地萎蔫、干枯、变黄、变褐、变黑，最后死亡。死亡后的菇体就会被细菌和霉菌侵染而腐烂、发臭、生霉。

**2. 贮藏保鲜的方法**　贮藏保鲜就是针对引起鲜菇腐烂的原因，

利用低温环境或保鲜材料等贮藏手段，抑制鲜菇的呼吸代谢和酶化学反应，达到延长香菇鲜度的方法。贮藏保鲜的方法有低温贮藏保鲜、气调贮藏保鲜、薄膜包装贮藏保鲜、速冻保鲜、辐射保鲜、电磁处理保鲜和化学保鲜等，但是，最常用、最实用和最有效的是低温贮藏保鲜和薄膜包装贮藏保鲜。

鲜菇保鲜工艺：

鲜菇预选→1℃～2℃预冷→排湿→入库、1℃～4℃保鲜→分级→包装→1℃～4℃冷藏

**（1）低温贮藏保鲜**　低温贮藏又称冷藏，是利用自然低温或人为降温措施，抑制鲜菇细胞生理代谢的方法，以延长保持香菇鲜度的时间。我国北方菜农的冰窖保鲜蔬菜可应用于香菇贮藏保鲜，鲜菇贮藏时散发热量被天然冰块或人造冰块吸收，冰块融化致使环境温度保持在2℃～3℃，达到保鲜目的。其他地方用于蔬菜和水果贮藏的冷库，也可以用于贮藏香菇。

**（2）薄膜包装贮藏保鲜**　薄膜包装贮藏又称限气包装贮藏，是利用特制的专用包装薄膜封闭鲜菇，抑制鲜菇细胞生理代谢的方法。这种包装薄膜具有一定的透气性和透湿性。目前，以醋酸乙烯树脂为材料的包装薄膜用于蔬菜包装贮藏保鲜效果理想，可用于香菇保鲜。以薄膜包装鲜香菇，若用于市场鲜销，则可采用200～500克/袋的小袋进行包装；若用于贮藏或运输，则可采用5～10千克/袋的大袋进行包装。

## （二）干品加工

香菇干品是指香菇鲜品经热风、晾晒、干燥脱水等工艺加工成的干制品。干品加工又称干制加工，就是指利用热量将鲜菇中大量水分脱去的措施，致使杂菌或病菌因水分不足而难以危害菇体的方法，既经济又实用。其优点是：加工设备可简可繁，加工技术容易掌握，干品耐贮藏和运输，利于周年上市。

**1. 干品加工的原理**　干品加工的原理，实质上就是借助热力的

作用，将鲜菇组织中的水分减少到一定限度，抑制住病原微生物在菇体上生存或繁殖。一方面，相应地使菇体内可溶性物质的浓度得到提高，提高到杂菌和有害菌等微生物不能利用这些物质的程度，这些微生物就不会再在菇体上生存而危害菇体，菇体就不会发臭、生霉和变质；另一方面，菇体细胞内本身所含生物酶的活性受到抑制而停止了生理活动。这样，干品能够较长时间保存。加工出干品成品的水分含量小于或等于12%，符合国家标准对香菇干品的水分要求。

**2. 干品加工的方法**

**（1）干制法分类**

①自然干制法　自然干制是指依靠太阳光晒干或自然热风吹干菇体的方法。其优点是节约能源，设备简单，操作技术易掌握，但是受气候限制和影响较大，所以，自然干制不能适应大生产发展的需要。

②人工干制法　人工干制是指利用烘房或烘干机等设备使菇体干燥的方法，此法可大大缩短干制时间，减少因腐烂而造成的损失，保证产品质量，延长保存的时间，并且由于干菇的含水量一致，而简化贮藏管理，故被大力推广。为了节约能源，提高经济效益，常将菇放在太阳下晒半天，然后送入烘房干制。

**（2）干制作业的具体方法**

①原料处理　为了提高干菇的质量，除了要注意不同菇的采收期和适当的采收方法外，在干制前还要注意除去菇体基部的泥土杂质，去掉菇根，将鲜菇分级，去掉畸形菇和病虫菇，并且根据人们对成品的要求不同，将菇片切丝或切条等，处理好后，再将不同等级的菇体分别干制。

②晒干　将鲜菇摊开，放在太阳下暴晒至干，摊晒时，要注意勤翻动，小心操作，以免破损，确定晒干后，放入塑料袋中，迅速密封后即可贮藏。

③烘干　香菇干品的加工工艺为：

预选→排筛→机械热风干燥→分级→包装→贮藏

烘干是将鲜菇放在烘箱、烘笼或烘房中，用电、炭火或远红外线加热干燥，使其脱水，成为干品。为提高菇品质量，多以机械脱水为主，主要设备：一是以电能为主的脱水机，但耗电多，成本高；二是适合于家庭烘干的小规模脱水烘干机；三是以烧柴为主的烘干机（烘房），规模大，适于专业加工，而且烘房设备简单，容易修建，在农村或乡镇企业广为采用。对烘干过程的条件控制要求如表7-1所示。

表 7-1　香菇烘干过程的条件控制要求

| 菇　类 | 烘干期 | 烘干时间（小时） | 热风温度（℃） | 进、排风控制 | 要　求 |
|---|---|---|---|---|---|
| 普通菇 | 初　期 | 0～3 | 30～35 | 全　开 | 含水量高的鲜香菇初期温度应低、升温应慢 |
| 花、厚菇 | | | 40～45 | | |
| 普通菇 | 中　期 | 4～8 | 45 | 关闭 1/3 | 每小时升温不超过5℃；6～8小时移动筛位 |
| 花、厚菇 | | | 55 | | |
| 普通菇 | 后　期 | 8 | 50～55 | 关闭 1/2 | 10小时后合并烘筛并移至上部 |
| 花、厚菇 | | | 60～65 | | |
| 普通菇 | 稳定期 | 最　后 | 58～60 | 关　闭 | 累计烘干8～13小时 |
| 花、厚菇 | | | 75～80 | | |

## （三）其他产品加工

将鲜香菇切成小颗粒作适当调味为馅料，作为制作包子的馅料加工成"香菇包子"；添加入香辣酱中成为"香菇香辣酱"等。还可以干制粉碎成粉末添加到饼干等其他食品中加工成"香菇饼干"等。

# 三、香菇产品质量

农产品质量指农产品适合一定的用途，满足人们需要所具备的特点和特性的总和，其感官要求、理化要求和卫生要求等必须符合相应的质量标准。香菇的产品质量应该符合国家和地方颁布实施的相关质量标准，才能参与市场流通和销售，并接受质量和工商行政部门的检验和监督。

## （一）产品分类

国家标准中将香菇的产品分为两大类：干香菇和保鲜菇。

**1. 干香菇** 干香菇是指经过脱水干燥或烘干的香菇。包括花菇、厚菇和薄菇。花菇是指菌盖表面有天然花纹的干香菇；厚菇是指菌盖边缘内卷、菌肉较厚的干香菇；薄菇是指菌盖平展、菌肉较薄的干香菇。

**2. 保鲜菇** 保鲜菇是指采收后即经低温技术处理，保持鲜香菇原有风味的香菇。

## （二）产品质量

**1. 感官指标** 香菇产品的感官指标：①菌盖厚度。随机抽取10个香菇，切去菌柄后沿菌盖中心纵向切开，量取菌肉最厚处的厚度，取平均值。②开伞度。随机抽取10个香菇，菌盖相对两卷边内边缘的距离与菌盖宽度的比例，以"分"表示，平展为10分。③菌盖直径。随机抽取10个香菇，切去菌柄后沿菌盖中心纵向切开，量取两边间的最长距离，取平均值。④开伞菇。菌盖完全展开的菇体。⑤残缺菇。菌盖破损面积占总面积20%以上的菇体。⑥碎菇体。不规则的香菇碎片。⑦畸形菇。菌盖或菌柄变形为不正常的菇体。⑧褐色菌褶。菌褶颜色呈褐色的菇体。⑨虫孔菇。有虫害痕迹的菇体。⑩霉变菇。已发生霉变的菇体。⑪霉斑菇。有霉菌侵染痕迹的菇体。⑫有害杂质。霉变菇、活虫体、动物毛发、动物排泄物和金属等。⑬杂质。除香菇及有害杂质以外的其他物质。

**（1）保鲜菇的感官指标** 国家标准（国标）要求香菇的保鲜菇颜色分别为菌盖淡褐色至褐色，菌褶乳白色略带黄色，菌肉组织致密、韧性好，具有香菇特有的香味、无异味，不允许混入虫菇、烂菇、霉变菇、活虫体、动物毛发、动物排泄物、金属等有害杂质和其他杂质。将保鲜菇分为 3 个等级，对 3 个等级保鲜菇的菌盖厚度、菌盖直径、开伞度、残缺菇比例、畸形菇与开伞菇总量所占比例进行了具体规定（表 7-2）。

表 7-2 保鲜菇的感官指标

| 项 目 | | 指标 | | |
|---|---|---|---|---|
| | | 一 级 | 二 级 | 三 级 |
| 菌盖厚度（厘米） | ≥ | 1.2 | | 0.8 |
| 开伞度（分） | ≤ | 7 | 8 | 9 |
| 菌盖直径（厘米） | ≥ | 4.0，均匀 | 3.0，均匀 | 3.0 |
| 残缺菇（%） | ≤ | 1.0 | 1.0 | 3.0 |
| 畸形菇和开伞菇总量（%） | ≤ | 1.0 | 2.0 | 3.0 |

**（2）花菇的感官指标** 国标要求香菇的花菇：菌肉组织致密、韧性好，具有香菇特有香味、无异味，不允许混入霉变菇、活虫体、动物毛发、动物排泄物、金属等有害杂质和其他杂质。将花菇分为 3 个等级，对 3 个等级花菇的颜色、菌盖厚度、形状、开伞度、菌盖直径、残缺菇比例、碎菇体比例、褐色菌褶菇、虫孔菇、霉斑菇总量所占比例进行了具体规定（表 7-3）。

表 7-3　花菇的感官指标

| 项　目 | | 指　标 | | |
|---|---|---|---|---|
| | | 一　级 | 二　级 | 三　级 |
| 颜　色 | | 白色花纹明显,菌褶淡黄色 | 白色花纹明显,菌褶黄色 | 花纹茶色或棕褐色,菌褶深黄色 |
| 菌盖厚度（厘米） | ≥ | 0.5 | | 0.3 |
| 形　状 | | 扁半球形稍平展或呈伞形规整 | | 扁半球形稍平展或伞形 |
| 开伞度（分） | ≤ | 7 | 8 | 9 |
| 菌盖直径（厘米） | | ≥ 4.0 | ≥ 2.5 | < 2.5 |
| 残缺菇（%） | ≤ | 1.0 | | 3.0 |
| 碎菇体（%） | ≤ | 1.0 | | 2.0 |
| 褐色菌褶菇、虫孔菇、菌斑菇总量（%） | ≤ | 1.0 | | 3.0 |
| 杂质（%） | ≤ | 0.5 | | 0.5 |

（3）**厚菇的感官指标**　国标要求香菇的厚菇：菌肉组织致密、韧性好，具有香菇特有香味、无异味，不允许混入霉变菇、活虫体、动物毛发、动物排泄物、金属等有害物质和其他杂质。将厚菇分为 3 个等级，并对 3 个等级厚菇的颜色、形状、开伞度、菌盖直径、残缺菇比例、碎菇体比例、褐色菌褶菇、虫孔菇、霉斑菇总量所占比例进行了具体规定（表 7-4）。

表 7-4　厚菇的感官指标

| 项　目 | | 指　标 | | |
|---|---|---|---|---|
| | | 一　级 | 二　级 | 三　级 |
| 颜　色 | | 菌盖淡褐色至褐色 | | |
| | | 菌褶淡黄色 | 菌褶黄色 | 菌褶深黄色 |
| 菌盖厚度（厘米） | ≥ | 0.5 | | 0.4 |

续表 7-4

| 项 目 | | 指标 | | |
|---|---|---|---|---|
| | | 一级 | 二级 | 三级 |
| 形 状 | | 扁半球形稍平展或呈伞形规整 | | 扁半球形稍平展或伞形 |
| 开伞度（分） | ≤ | 7 | 8 | 9 |
| 菌盖直径（厘米） | | ≥ 4.0 | ≥ 3.0 | < 3.0 |
| 残缺菇（%） | ≤ | 1.0 | 2.0 | 3.0 |
| 碎菇体（%） | ≤ | 0.5 | 1.0 | 2.0 |
| 褐色菌褶菇、虫孔菇、菌斑菇总量（%） | ≤ | 1.0 | 3.0 | 5.0 |
| 杂质（%） | ≤ | 1.0 | 1.0 | 2.0 |

（4）**薄菇的感官指标** 国标要求香菇的薄菇：菌肉组织致密、韧性好，具有香菇特有香味、无异味，不允许混入霉变菇、活虫体、动物毛发、动物排泄物、金属等有害杂质和其他杂质。将薄菇分为3个等级，对3个等级薄菇的颜色、形状、开伞度、菌盖直径、残缺菇比例、碎菇体比例、褐色菌褶菇、虫孔菇、霉斑菇总量所占比例进行了具体规定（表7-5）。

表 7-5　薄菇的感官指标

| 项 目 | | 指标 | | |
|---|---|---|---|---|
| | | 一级 | 二级 | 三级 |
| 颜 色 | | 菌盖淡褐色至褐色 | | |
| | | 菌褶淡黄色 | 菌褶黄色 | 菌褶深黄色 |
| 菌盖厚度（厘米） | ≥ | 0.3 | | 0.2 |
| 形 状 | | 近平展规整 | | 近平展 |
| 开伞度（分） | ≤ | 9 | | — |
| 菌盖直径（厘米） | | ≥ 5.0 | ≥ 4.0 | < 4.0 |

续表 7-5

| 项　目 | | 指　标 | | |
|---|---|---|---|---|
| | | 一　级 | 二　级 | 三　级 |
| 残缺菇（%） | ≤ | 2.0 | 4.0 | 6.0 |
| 碎菇体（%） | ≤ | 2.0 | 3.0 | 4.0 |
| 褐色菌褶菇、虫孔菇、菌斑菇总量（%） | ≤ | 1.0 | 2.0 | 3.0 |
| 杂质（%） | ≤ | 1.0 | 1.0 | 2.0 |

**2. 理化要求**　国标将香菇产品的水分、粗蛋白质、粗纤维和灰分等理化指标进行了具体规定（表 7-6）。

表 7-6　香菇产品的理化指标

| 项　目 | | 指　标 | |
|---|---|---|---|
| | | 保鲜菇 | 干　菇 |
| 水分（%） | | 86.0（菌盖表面干爽、有纤毛或鳞片、手摸不粘、运到销售地不出现水珠） | 13.0 |
| 粗蛋白质（以干重计）（%） | ≥ | 15.0 | 20.0 |
| 粗纤维（以干重计）（%） | ≤ | 8.0 | 8.0 |
| 灰分（以干重计）（%） | ≤ | 8.0 | 8.0 |

**3. 卫生要求**　国标对香菇产品的砷、铅、镉、汞等重金属的含量和六六六、滴滴涕、敌敌畏、多菌灵、氯氰菊酯等农药的含量进行了具体卫生指标的规定（表 7-7）。

表 7-7　香菇产品的卫生指标

| 项　目 | | 指　标 | |
|---|---|---|---|
| | | 干　菇 | 保鲜菇 |
| 砷（以 As 计），毫克／千克 | ≤ | 1.0 | 0.5 |
| 铅（以 Pb 计），毫克／千克 | ≤ | 2.0 | 1.0 |

续表 7-7

| 项 目 | | 指　标 | |
|---|---|---|---|
| | | 干 菇 | 保鲜菇 |
| 汞（以 Hg 计），毫克 / 千克 | ≤ | 0.2 | 0.1 |
| 镉（以 Cd 计），毫克 / 千克 | ≤ | 1.5 | 0.5 |
| 六六六（BHC），毫克 / 千克 | ≤ | 0.2 | 0.1 |
| 滴滴涕（DDT），毫克 / 千克 | ≤ | 0.1 | 0.1 |
| 二氧化硫（以 $SO_2$ 计），克 / 千克 | | 0.2 | 0.2 |
| 矿物油 | | 不得检出 | 不得检出 |

**4. 净含量**　应符合国家质量监督检验检疫总局第 75 号令《定量包装商品计量监督管理办法》和《JJF1070—2005 中华人民共和国国家计量技术规范定量包装商品净含量计量检验规则》的要求。

### （三）包装与贮运

产品包装就是对生产的产品装箱、装盒和装袋等，是使产品在贮存、运输和销售过程中不受损坏，起到保护产品的作用。按照产品质量要求香菇产品应该有外包装、标志和标签，对运输和贮存也有要求。

**1. 标志和标签**

（1）**标志**　香菇产品的外包装标志应符合《GB/ T 191—2008 包装储运图示标志》的规定。应标明：产品名称、产品执行标准、等级、质量或数量、规格、生产日期、保质期、生产企业名称、地址等。保鲜菇内包装标志根据需方要求，按双方商定执行。

（2）**标签**　标签应符合《GB 7718 预包装食品标签通则》的规定。

**2. 包装、运输和贮存**

（1）**包装**　保鲜菇的包装箱或袋的卫生指标应符合《GB 9687—

1988食品包装用聚乙烯成型品卫生标准》的规定。干菇的外包装应符合《GB/ T 6543—2008 运输包装用单瓦楞纸箱和双瓦楞纸箱》的规定。

（2）**运输** 香菇产品运输时不得与有毒物品混装，不得使用被有毒、有害物质污染的运输工具运载。

鲜香菇应使用将温度控制在1℃～4℃的冷藏车运输。

干菇运输时应有遮篷，防止雨淋，避免挤压。

（3）**贮存** 鲜香菇应贮存在温度控制为1℃～4℃的冷库内。

干香菇应密闭贮存，包装用品符合卫生要求，不得直接裸露在空间。

干香菇在3个月以内中短期的保存时应避光、常温、阴凉干燥、防虫蛀、防鼠咬，并有防潮设备；3个月以上长期贮存时应控制温度在20℃以下，空气相对湿度在60%以下，箱体之间应留有一定的空隙。

严禁与有毒、有害、有异味的物品混放、混存。

# 第八章
# 香菇病虫鼠害及防控

　　由不适宜香菇生长发育的温度、水分、气体等不良环境导致香菇的危害，属于非生物类导致的危害，称为生理性病害。在生产贮存过程中香菇遭受微生物、昆虫和老鼠等其他生物的危害，称为病虫鼠害。吴菊芳等（2003）称，我国每年由有害菌所造成的损失一般在 10% 以上，严重的地方和菇场可高达 90%。

　　香菇栽培的目的是获得高产和优质的子实体。为此，在香菇的栽培、加工和贮运过程中应人为地营造适宜香菇菌丝体生长和子实体发育的优良环境条件，尽可能地制造不利于病原菌、害虫和害鼠生存的空间，采取适当的病虫鼠害预防技术措施，注重从原料到产品、从菇棚到餐桌全过程防控，尽量避免或减少不良环境导致对香菇的危害，让香菇的菌丝体健壮快速生长、子实体正常发育和安全贮运，从而达到生产香菇能够高产和稳产的目的，同时在控制病虫鼠害的同时，确保产品质量安全。

## 一、病害及防控措施

### （一）病害的概念及类型

　　**1. 病害的概念**　　香菇的病害，是指在香菇的生命活动中和香菇产品的贮藏运输过程中，由于外界不良环境的影响，使香菇正常生长发育机制遭受干扰或破坏，引起菌丝体生长的不良、衰退和死亡及子实体的畸形、受损、腐败和变质等病变发生，出现香菇减产、品质下降，最终导致生产失败的后果，即对香菇的生长发育和子实体造成危害。

**2. 病害的类型**　香菇的病害可分为侵染性病害和生理性病害两种类型。

侵染性病害，是指由病原生物的侵害引起对香菇的危害，其病原生物主要包括真菌、细菌和线虫。在香菇栽培过程中，将与香菇争夺养分、水分、氧气和空间，污染菌种基质和栽培基质的有害微生物称为竞争性杂菌，或习惯上简称为杂菌。杂菌给香菇生产带来的危害类似于农业生产上的田间杂草对农作物的危害。某些杂菌还能分泌毒素，抑制、消解和毒杀香菇菌丝体。若香菇制种过程中基质污染杂菌，则其香菇菌种绝对不能再繁殖使用。否则，会损失惨重。若香菇栽培菌袋基质中污染杂菌，杂菌快速滋生，基质养分被大量消耗，则香菇菌丝体生长不良甚至消退，导致产量降低、品质下降，生产失败。杂菌污染基质属于侵染性病害，包括细菌、放线菌、酵母菌和霉菌等感染。在实际生产中，霉菌和细菌污染基质表现得最为常见和普遍。

生理性病害，指由不适宜的非生物环境因子使香菇不能正常进行生理活动，引起对香菇的危害，又称非侵染性病害，不具有传染性。强烈低温导致的冻害、化学药害等属于生理性病害。

### （二）病害发生原因

**1. 种源本身已污染杂菌**　用于扩大繁殖的种源本身已经污染了杂菌，接种前未仔细检查，扩接到新的培养基后将杂菌一起带入。这种情况，无论生产过程多么严格，培养环境和保种条件如何优良，都是徒劳，扩繁的菌种肯定会被杂菌污染。

**2. 生产过程中操作不规范**　培养基质灭菌不彻底，基质中杂菌孢子萌发生长。接种操作时没有严格按照无菌操作规程进行，空气中、接种用具杂菌进入基质。制备培养基时，培养基粘到棉塞上，棉塞长杂菌掉入基质。培养基灭菌时棉塞受潮，又遇高温高湿天气，空气中的杂菌孢子落到棉塞上萌发菌丝进入基质。

**3. 发菌环境不良、保藏条件差**　培养室靠近饲料仓库及畜禽饲养场，环境卫生条件差，畜禽粪便满地，杂菌丛生，殃及香菇菌种和菌袋而被杂菌污染。菌种保藏期间阴暗、潮湿，棉塞受潮感染杂菌。发菌期间高温高湿度环境，菌瓶和菌袋内基质很易遭受杂菌污染。产品贮存仓库阴暗、潮湿，滋生病菌。

**4. 栽培环境条件不适宜**　在栽培管理中，没有给予适宜香菇正常生长发育所需要的温度、光照、空气和水分条件，导致香菇生理性病害发生。香菇常见的生理性病害的病因有如下几类：营养物质缺乏或比例不当、水分失调、高温或冻害、光照不适、有害化学物质（二氧化碳、二氧化硫、硫化氢等）浓度过高、化学农药引起的药害等。

### （三）病害防控措施

针对香菇病害产生的原因，防治香菇病害的主要措施是：使用优质菌种作为扩繁的种源；彻底灭菌培养基质，接种时严格无菌操作；及时剔除感杂料瓶料袋和生病子实体；保持香菇培养场所的环境卫生；满足香菇正常生长发育的环境条件；香菇产品贮存环境卫生、通风干燥。

## 二、虫害及防控措施

### （一）虫害的概念

由不良昆虫或其他软体动物导致对香菇的危害，称为虫害，这些昆虫或其他软体动物对香菇而言有害，被称为害虫。

危害香菇的害虫主要有双翅目、鞘翅目、鳞翅目和弹尾目的昆虫，如菌蝇、菌蚊等；还有蜘蛛纲的部分螨类、软体动物的部分蛞蝓和线形动物的部分线虫。

### （二）虫害发生原因

**1. 种源本身已污染害虫** 用于扩大繁殖的种源本身已经污染了害虫，如用于原种和栽培种扩接的种源中已经有了菌蝇、菌蚊和螨虫等害虫的卵或幼虫，这些害虫的卵或幼虫往往不容易被发现，接种前未仔细检查剔除带虫种源，将带虫种源误认为是合格菌种扩接到新的培养基上，就将害虫一起带入新的料瓶料袋之中。这样，害虫必然会污染所扩接的料瓶或料袋。

**2. 生产中遭到害虫侵袭** 菌蝇、菌蚊和螨虫等害虫对香菇菌丝散发出的气味很敏感，喜食香菇菌丝体和子实体。在香菇菌种生产和栽培生产的很多环节都有可能被害虫侵袭。如发菌室、发菌棚、出菇棚距离垃圾堆及粪坑等害虫猖獗的地方很近，发菌室或发菌棚没有防虫网，料瓶或料袋在搬运和管理中塞子被碰松甚至脱落留下空隙等都很容易被害虫的成虫或幼虫趁机侵入发菌室（棚）或出菇室（棚），潜入料瓶或料袋，袭击、危害香菇菌丝体、培养基质和子实体。

**3. 培养环境不良、保藏条件差** 发菌室（棚）或出菇室（棚）靠近饲料仓库及畜禽饲养场，环境卫生条件差，畜禽粪便满地，害虫滋生，害虫虫口基数大，很易污染菌种和栽培菌袋。菌种和菌袋暂存场所和香菇产品保存仓库高温、潮湿和不清洁等恶劣条件会引起害虫滋生、大量繁殖害虫，害虫就近危害香菇菌丝体和子实体。

### （三）虫害防控措施

针对香菇虫害发生的原因，防治香菇虫害的主要措施是：使用优质菌种作为扩繁的种源；生产场所清洁卫生、喷洒杀虫农药，确保无虫源；发菌室（棚）或出菇室（棚）设置防虫网，及时剔除被害虫侵染了的料瓶料袋和生虫菇体；保持香菇培养场所的环境卫生；

满足香菇正常生长发育的环境条件；香菇产品贮存环境卫生、通风干燥。

# 三、鼠害及预防措施

## （一）鼠害的概念

由鼠类导致对香菇的危害，称为鼠害，这些老鼠称为害鼠。

香菇等食用菌菌种和栽培生产的培养料中含有麦粒、玉米粒、麦麸、米糠和蔗糖等有机物，这些有机物、菌丝体和子实体富含营养，是鼠类喜欢的食物。为此，鼠类动物就会想方设法进入发菌室或发菌房和出菇室、或出菇房以及原料和产品仓库，啃食这些食物。加之，鼠类的咀嚼肌特别发达，打洞能力很强，很容易对香菇等食用菌生产造成危害，给生产造成损失。

鼠类危害香菇等食用菌生产主要表现在 3 个方面：一是直接打洞进入发菌室或发菌房和出菇室，咬掉瓶塞袋塞、啃烂料袋或菌床，啃食和毁坏培养料、菌丝体和子实体，进入原料仓库造穴做巢、产子繁殖，毁坏培养料，进入产品仓库，咬烂产品包装，毁坏产品；二是间接引起病害和虫害，鼠类在窜入发菌室或发菌房和出菇室或出菇房的同时，会带进杂菌和害菌以及害虫的卵，间接地引起菌种瓶（袋）和栽培料袋中杂菌迅速蔓延和虫害猖獗，严重地威胁香菇等食用菌的生长发育；三是鼠类成为鼠疫及其他许多传染病、寄生虫病的传染源和传播媒介，一旦被污染的器具、菇体与人接触或被误食，则会引起传染病和寄生虫病的发生和流行，危害人体健康。兰云龙（1991）统计，危害食用菌的鼠类有 8 种：热线姬鼠、组双、黄毛暇、小像妞、拐家吸、燕东限、黄脚城和红腹松限。

## （二）鼠害发生原因

**1. 生产设施本身留下了害鼠进入隐患**　在设计建造生产原料和

产品仓库、发菌室或发菌房、出菇室或出菇房时，天窗、门窗和地漏等处没有预设防鼠网；以防空洞、地下室、地坑和地窖作生产用房时，其进、出口没有预设防鼠网，这给害鼠留下和提供了自由进出的便利条件。地坑和地窖的四壁为泥土，很易被害鼠打洞，这也给害鼠潜入留下了隐患，导致鼠害。

**2. 生产中没有采取防鼠治鼠有效措施**　在香菇生产过程中，生产厂房和车间及其周边地方对害鼠既没有预防措施，又没有治理措施。例如既没有安装"电子猫"、放置夹鼠板和黏鼠板，又没有投放"敌鼠钠"和"灭鼠灵"等灭鼠药，导致害鼠可以毫无顾忌地毁坏料瓶、料袋，啃食菌丝体和子实体，给香菇生产带来危害。

**3. 生产场地周边环境很差、害鼠猖獗**　原料和产品仓库、发菌室或发菌房、出菇室或出菇房等香菇生产场地周边建造在垃圾堆（坑）、猪（牛）圈、粪坑和厨房等附近，这些场所往往是害鼠做巢和生活的地方，是害鼠基数很大的地方，害鼠十分猖獗。数量巨大的害鼠很容易潜入香菇生产场所，毁坏料瓶、料袋，啃食菌丝体和子实体，给香菇生产带来危害。

### （三）鼠害防控措施

针对害鼠对香菇生产导致危害的原因，应采取两条有效措施预防鼠害：一是在设计建造生产原料和产品仓库、发菌室或发菌房、出菇室或出菇房时，天窗、门窗和地漏等处一定要预设防鼠铁丝网；二是在香菇生产过程中，生产厂房和车间及其周边一定要安装"电子铁猫"、放置夹鼠板和黏鼠板，进行人工诱捕，菇房内人员不易接触的死角可投放"敌鼠钠"和"灭鼠灵"等灭鼠药。

## 四、病虫鼠害综合防控措施

病菌和害虫适宜于在高温高湿的生态环境下大量滋生，害鼠喜食香菇菌丝体。因此，在香菇栽培、加工和贮运过程中应掌握"预防为主、综合防治"的方针，采用生态调控技术、理化诱控技术和生物防治技术，预防病虫鼠害的发生和蔓延；改善生态环境，控制病原菌、害虫和害鼠的危害；已经出现危害时能有效消灭病菌、害虫和害鼠。

## （一）生态调控

生态调控技术指在保证香菇正常生长发育条件下，将生态环境调整成为不利于病菌、害虫和害鼠生存和发展状态的技术。

**1. 原料贮存**　香菇栽培的原、辅材料，如棉籽壳、稻草、木屑、玉米芯、麦麸和米糠等，本身应该是充分干燥的，否则原辅材料湿润极易滋生霉菌。在贮存过程中应注意通风换气，保持贮藏环境干燥，以防止原、辅材料滋生害菌和害虫。同时，对原、辅材料仓库的门窗和通风口等加装防鼠铁丝网，以预防害鼠进入啃食毁坏原、辅材料。

**2. 多品种轮作**　有的香菇品种对病菌和害虫的抵抗能力较强，生产上就应选用这样的抗病虫品种。多品种轮作布局，切断害虫食源，如在多菌蚊高发期的 10～12 月份和 3～6 月份，选用多菌蚊不喜欢的杏鲍菇和猴头菇等与香菇进行轮作，可使多菌蚊虫源减少或消失。

**3. 基质水分 pH 值调节**　香菇栽培料基质在拌料时，一般将基质含水量调控在 60%～65%、pH 值调控在 5.5～6.5 之间。否则，基质含水量太高、pH 值太低，易滋生霉菌。如在基质含水量达到 65%、pH 值 3.5～6 条件下，黄青霉孢子就能够快速萌发和生长。

**4. 发菌出菇环境**　香菇的菌袋培养即发菌过程中，注意发菌环境卫生，发现污染菌袋及时清除，避免病菌传播，去除害菌来源。发菌室或发菌棚和出菇房应该安装防虫避鼠网，切断害虫和害鼠进入路径，同时放置夹鼠器夹捕害鼠。发菌场所应该调控在温度 24℃以下、空气相对湿度 70% 左右，并注意通风换气。否则，高温、高湿和氧气不足，会导致杂菌滋生，引起菌袋污染。如在气温 30℃以上条件下制种，很容易发生链孢霉危害。出菇房或出菇棚也应注意通风换气，避免长期处于高温高湿状态，有利于减少病虫害。

香菇采收结束后，揭开出菇棚，清除棚内废菌袋等所有杂物，让阳光照射出菇场所，称为晒棚。

**5. 产品保管** 香菇干品本身的含水量应低于13%，大于13%易生霉变质。香菇干品包装如塑料袋等应该具有较好的密闭性，并置放于通风、阴凉和干燥的产品库房中贮存保管，避免湿润空气进入，使干品回潮而生霉变质。产品库房也同样应该安装防虫避鼠网，切断害虫和害鼠进入路径。

## （二）理化诱控

理化诱控技术指利用杀虫灯、黏虫板、性诱剂和防虫网阻隔等物理措施和化学药剂措施，防治香菇害虫的技术。理化诱控绿色环保、成本低，全年应用可大大减少用药次数。

**1. 杀虫灯诱杀害虫** 昆虫具有趋光的特性，成语"飞蛾扑火"形象描述了昆虫的趋光性。灯光诱虫技术就是使用杀虫专用灯，诱杀香菇害虫的技术。杀虫灯是实施灯光诱虫技术的专用灯具和必备器械。灯光诱虫是一种物理防治技术，是实现香菇产品质量安全的最佳生物保护方法。在发菌室或发菌棚以及出菇室或出菇棚外悬挂杀菌灯，可有效诱杀香菇害虫的成虫，降低害虫成虫基数，减少成虫产卵，起到有效防治香菇虫害的效果。

**2. 黏虫板诱杀害虫** 根据害虫趋色性原理，将环保专用胶涂抹于捕虫板上，当害虫撞击黏虫板时，板上的胶即将其黏住，不久害虫便会死亡，从而达到除虫的目的。这套技术称为黏虫板诱杀害虫技术，是利用昆虫的趋黄性诱杀农业害虫的一种物理防治技术，可以有效减少虫口密度，不造成农药残留和害虫抗药性，可兼治多种虫害。生产上常用黄色黏虫板诱杀香菇的害虫。

昆虫性信息素是由昆虫的某一性别的个体分泌于体外，被同种异性个体的感受器所接受，并引起异性个体产生一定的生殖行为反应（如觅偶定向、求偶交配等）的微量化学物质。某些化学物质可以导致昆虫丧失繁殖能力，称为化学不育剂。能够杀死昆虫的化学药剂称为化学杀虫剂。能够使昆虫生病致死的细菌和病毒等微生物称为微生物杀虫剂。

若将昆虫性信息素、化学杀虫剂和微生物杀虫剂同时涂布于黄色黏虫板之上，即利用黄色和性信息素先将害虫引诱过来，使其与化学杀虫剂接触而死亡或使之与不育剂、与微生物杀虫剂接触后飞离，通过与其他个体接触及雌雄交配将微生物杀虫剂传播给雌性个体，并经过卵传给后代，使新生后代感染病毒或细菌，从而达到控制害虫种群的目的，称为联合治虫，则能够大量诱杀害虫。

**3. 防虫网阻隔害虫**　防虫网又名乙烯防虫网，蔬菜大棚防虫网等，是由乙烯丝编织而成，形似窗纱，网孔很小以至于阻隔昆虫成虫不能通过。在发菌室或发菌大棚、出菇室或出菇大棚均要安装防虫纱网，预防害虫成虫飞入发菌室内和出菇场（棚）内，以免其产卵或直接危害香菇菌丝和菇体，称为防虫网阻隔害虫技术，属于物理防虫措施。

## （三）科学用药

当香菇菌袋中病菌、害虫和害鼠发生凶猛，在万不得已情况之下，可采取化学农药来防治病虫鼠害。通过合理使用农药，最大限度降低农药使用造成的负面影响，以保证香菇食用者免受药害。

**1. 科学用药原则**　必须使用高效低残化学农药，并注意菌丝体免受药害、不影响子实体正常生长发育和产品质量安全。推广高效、低毒、低残留、环境友好型农药，优化集成农药的轮换使用、交替使用、精准使用和安全使用等配套技术，加强农药抗药性监测与治理，普及规范使用农药的知识，严格遵守农药安全使用间隔期。

**（1）禁用高毒高残留农药**　滴滴涕、六六六等有机氯农药在环境中有高度的持久性，又易于通过食物链进行浓缩，富集于食品，危害人类健康；该类农药又大都属于无选择性作用的广谱性杀虫剂，对天敌杀伤力强。赛力散、西力生等有机汞制剂对哺乳动物毒性高，对植物也易造成药害，世界各国已将这两类农药逐渐淘汰。香菇生产中禁止使用滴滴涕、六六六等高毒高残留农药。

（2）**严格按照防治指标施药**　要严格按照各地制定的防治指标施药，只有当杂菌、害菌和害虫的数量接近于经济受害水平时，才采取化学防治手段进行控制。要力求做到能挑治的不普治；能兼治的不专治，以减少施药的面积和施药次数。这样，既可节省农药，降低成本，减轻农药对环境和农产品的污染，又可扩大天敌的保护面，减少对天敌的杀伤作用。

（3）**掌握施药适期**　要深入了解防治对象的生物学特征、特性以及发生规律，寻求其最易遭到杀伤的时期。一般害虫在幼龄期抗药力弱，有些害虫在早期有群集性，许多钻蛀性害虫和地下害虫要到一定龄期才开始蛀孔和入土，及早用药，效果比较明显。对于病害一般要掌握在发病初期施药，因为一旦病菌侵入菌袋和菇体内，药剂较难发挥作用。

（4）**采用适宜的剂量**　施药前一定要按规定确定浓度和用量，选择恰当的剂量。一是药液或药粉的适宜使用浓度，二是单位面积上适宜的使用量。一般来说，浓度愈高，效果愈大，但超过有效浓度，不仅造成浪费，而且还有可能造成药害；低于有效浓度又达不到防治目的。单位面积上的用药量过多或不足，也会发生上述同样的不利后果。

（5）**轮换用药**　对一种有害生物长期反复使用同一种农药，该有害生物就会产生抗药性，降低对这种农药的感受性，防治效果大幅度下降。克服和延缓抗药性的有效办法之一，是轮换交替施用农药。一般来说，用作用机制不同的2种以上的药剂交替施用，可以延缓抗药性的发生。

（6）**合理地混用农药**　科学合理地混用农药有利于充分发挥现有农药制剂的作用。目前有两种混配方法，一是把2种或2种以上的农药原药混配加工，制成复配制剂，由农药企业实行商品化生产，投放市场，防治人员不需要再行配制。二是现场混配使用。防治人员根据有害生物防治的实际需要，把2种或2种以上农药混合起来施用。

混配农药的类型有杀虫剂加增效剂、杀虫剂加杀虫剂、杀菌剂加杀菌剂、除草剂加除草剂、杀虫剂加杀菌剂、杀虫剂加除草剂、杀菌剂加除草剂等。混配可以克服有害生物对农药产生抗性；可以扩大防治对象的种类，达到一药多治；可以延长老品种农药的使用年限；可以发挥增效作用；还可以降低防治费用。

但是，混配时不能任意组合，要有严肃的科学态度。田间的现配现用应当坚持先试验后混用的原则。一般应当考虑以下几点，即2种以上农药混配后应当产生增效作用，而不是减效作用；应当不增加对人、畜的毒性，或增毒倍数不大；应当不增加对作物的药害，比较安全；应当不发生酸碱反应，即遇酸分解或遇碱分解；应当不产生结絮和大量沉淀。

**2. 农药选购与鉴别**　要根据生产实际需要，有针对性地购买治病的药、治虫的药和治鼠药。要选购正规农药生产厂家的农药产品，主要根据说明书加以鉴别，一般正品农药有生产单位、生产日期、有效期和执行标准等。有的菇农盲目购药并用错农药，甚至购到假药或过期失效农药，既花了钱又达不到治病、防虫或治鼠的作用。

正规合格的农药使用的包装材料新颖、耐用，封口严，瓶间有防振材料填紧，包装箱外面印有农药登记证号、产品标准号、生产许可证号（或准产证号）、包装规格、毒性标志、有效成分含量、生产厂名、厂址等内容，并贴有合格证及使用说明书等。伪劣农药的包装一般比较粗糙、不统一，瓶口封不严，多有渗漏现象，且很少贴有合格证及使用说明书。

**（1）乳油类农药的鉴别**　可采取振荡、加热、稀释、嗅味等方法来鉴别。

①振荡法　观察瓶内的药剂有无分层现象，如果已分层，即上面浮油下面沉淀，此时可用力振荡均匀，静置1小时后如仍然分层，

则说明是伪劣农药。

②加热法　对于有沉淀的乳油农药，连瓶子放在热水中，水温以烫手为准，1 小时左右沉淀不能溶化者为伪劣农药。

③稀释法　对没有分层、沉淀的农药，可以取约 10 毫升放于白色玻璃瓶中，加水 30 毫升，搅拌后静置半小时。合格的农药水面无浮油，水底无沉淀，稀释液呈乳白色。反之，则为伪劣农药。

此外，还可用嗅味法或点燃法来鉴别。有的不法分子将一些类似油类的东西装入瓶内，冒充农药，此时可打开瓶盖，用鼻子轻轻去闻，若闻不出农药味，则可断定其为伪劣农药。也有的不法分子将合格农药中加入大量有机溶剂，如苯或煤油、柴油等，这些农药闻起来有一股煤油或柴油味，倒出少量用火点，则熊熊燃烧，冒出大量黑烟。

**（2）水剂农药的鉴别**　合格产品无沉淀，稀释后呈均匀液体，无沉淀分层现象。伪劣产品有明显沉淀，稀释后药液分层。

**（3）粉剂农药的鉴别**　合格产品粉粒细、光滑，容易从喷粉器中喷出，有明显臭味，如果是可湿性粉剂，则能均匀悬浮在水中。伪劣农药一般粒粗、不光滑，臭味不浓或无臭味，劣质可湿性粉剂一般难溶于水或加水后有沉淀。

**（4）颗粒剂农药的鉴别**　一般合格产品颗粒均匀，有很浓的气味，放入水中不易变色。而伪劣产品颗粒不均匀，气味不浓或在水中易变色。

**3. 农药运输与保存**　农药运输与保存要求不能伤及人体健康和危害畜禽，需要注意 3 点：一是农药多用玻璃瓶盛装，在搬运和存放过程中一定要轻拿轻放，以免弄碎；二是农药不能与粮食和饲料混运、混存，以免污染粮食和饲料等；三是必须将农药放置在小孩和畜禽不易接触到的地方，以免小孩和畜禽误食。

按照国家农药贮运、销售和使用规程（GB 12475—2006）的相关要求，进行农药运输与保存。

**（1）农药运输要求**　①运输农药要使用备有易清洗、耐腐蚀、坚固的贮器的车辆船只，不得使用运输食品和旅客的运输工具。车辆、船只上应备有必要的消防器材和急救药箱；车、船上应标示"小心有毒"、"易燃"等标记。②运输车辆、船只的底、帮应采用隔垫和加固措施，防止农药包装破损和农药溢漏；易发生渗漏的工具不得使用。③装运农药前必须将运输工具清理干净；包装有破损、标志不全的农药不准装运；燃点低于61℃的易燃农药要采用有金属贮器的运输工具装运。④装运多品种农药时要分类码放，不得混杂，有条件的要采用集装箱，高毒农药要有明显标记。⑤交、运方要认真清点农药品种、数量，并在运单上签名，而后封闭车门，加盖防雨布等。⑥运输人员必须携带"危险品运输许可证"，许可证应注有：运输公司地址和电话、运输物品名称、特性、危险性以及应急防御措施。⑦运输要正确选择路线，时速不宜过快，力求平稳行驶。运输途中禁止在居民集中点停留休息，必须停留时，应离居民区200米以外。⑧驾驶员、押运员应熟悉运输农药的安全要求。运输过程中不吸烟、不喝酒，进食前脱去工作服、洗净手、脸并漱口。⑨农药卸车、船后应在专门场地进行清洗。装运有机磷、有机氯农药的车、船厢一般可用漂白粉（或熟石灰）液清洗，而后用水冲净；金属材料容器可采用少许溶剂擦洗。废液应倒入专用坑中，不得随意泼洒。

**（2）农药保存要求**　①存放的农药应有完整无损的包装和标志，包装破损或无标志的农药应及时处理。②库房内农药堆放要合理，离开电源，避免阳光直接照射，垛码稳固，并留出运送工具所必需的过道。③不同种类的农药应分开存放。高毒农药应存放在彼此隔离的有出入口、能封锁的单间（或专箱）内，应保持通风；燃点低于61℃的易燃农药应与其他农药分开，并有阻燃材料分隔。④不同包装农药应分类存放，垛码不宜过高，应有防渗防潮垫。⑤库房中禁止存放对农药品质有影响、对食物有污染、对防火有碍的物质，如硫酸、盐酸、硝酸等。

**4. 农药合理使用**　农药合理使用要求注意5点：一是要对症下

药，根据香菇生产被危害的种类及其危害程度，分别选用杀菌药、杀虫药或灭鼠药，以及施药用量，危害重用药多、危害轻用药少；二是要因时用药，有的农药对用药时间有要求，要按照用药时间要求用药，以达到用药预期效果；三是浓度要合理，要按照农药产品说明书上规定的用药浓度用药，否则浓度太低达不到防治效果，太高易引起药害等不良后果；四是要方法得当，有的农药为粉剂药，有的为液体药，各自施用方法不一样，粉剂药撒施均匀，液体药要喷施到位；五是交替用药，有多种农药可以防治同一病害、虫害或鼠害，可以将这些农药交替使用，因为长期施用同一种农药会让害菌、害虫或害鼠产生抗性，增大用药剂量或浓度，而且防治效果还会降低。

# 附　录

## 附表一　食用菌生产场所常用消毒剂和使用方法

| 名　称 | 使用方法 | 适用对象 |
|---|---|---|
| 乙醇 | 75%，浸泡或涂擦 | 接种工具、子实体表面、接种台、菌种外包装、接种人员的手等 |
| 紫外线灯 | 直接照射，紫外线灯与被照射物距离不超过 1.5 米。每次 30 分钟以上 | 接种箱、接种台等，不应对菌种进行紫外线照射消毒 |
| | 直接照射，离地面 2 米的 30 瓦灯可照射 9 米$^2$ 房间，每天照射 2～3 小时 | 接种室、冷却室等，不应对菌种进行紫外照射消毒 |
| 高锰酸钾 / 甲醛 | 高锰酸钾 5 克 / 米$^3$＋37% 甲醛溶液 10 毫升 / 米$^3$，加热熏蒸。密闭 24～36 小时，开窗通风 | 培养室、无菌室、接种箱 |
| 高锰酸钾 | 0.1%～0.2%，涂擦 | 接种工具、子实体表面、接种台、菌种外包装等 |
| 酚皂液（来苏儿） | 0.5%～2%，喷雾 | 无菌室、接种箱、栽培房及床架 |
| | 1%～2%，涂擦 | 接种人员的手等皮肤 |
| | 3%，浸泡 | 接种器具 |
| 苯扎溴铵溶液（新洁尔灭） | 0.25%～0.5%，浸泡、喷雾 | 接种人员的手等皮肤、培养室、无菌室、接种箱，不应用于器具消毒 |
| 漂白粉 | 1%，现用现配，喷雾 | 栽培房和床架 |
| | 10%，现用现配，浸泡 | 接种工具、菌种外包装等 |
| 硫酸铜 / 石灰 | 硫酸铜 1 克＋石灰 1 克＋水 100 克，现用现配，喷雾，涂擦 | 栽培房、床架 |

## 附表二 食用菌生产常用农药使用表

| 名　称 | 防治对象 | 用法和用量 |
|---|---|---|
| 石　灰 | 霉　菌 | 5%～20%溶液喷施；粉撒施；可与硫酸铜合用 |
| 甲　醛 | 细菌、真菌、线虫 | 5%喷洒；每立方米覆土0.25～0.5千克；每立方米空间用5克高锰酸钾＋10毫升甲醛熏蒸 |
| 高锰酸钾 | 细菌、真菌、线虫 | 0.1%溶液洗涤消毒、喷洒消毒 |
| 苯　酚 | 细菌、真菌、昆虫、虫卵 | 5%溶液喷雾 |
| 氨　水 | 害虫、螨类 | 17%液熏蒸菇房；或加520倍水拌料 |
| 敌敌畏 | 菇螨类、螨类 | 0.5%溶液喷洒；111米$^2$用1千克熏蒸；原液塞瓶熏蒸 |
| 漂白粉 | 细菌、线虫、"死菌丝" | 3%～4%溶液浸泡材料；0.5～1%喷雾 |
| 硫酸铜 | 真　菌 | 0.5%～1%溶液 |
| 多菌灵 | 真菌、半知菌 | 1∶800倍拌料；1∶500倍喷洒 |
| 苯菌灵 | 同　上 | 同　上 |
| 甲基硫菌灵 | 同　上 | 同　上 |
| 百菌清 | 真菌、轮枝霉 | 0.15%溶液喷洒 |
| 代森锌 | 真　菌 | 0.1%溶液喷洒 |
| 二嗪磷 | 菇蝇、瘿蚊 | 每吨培养料用20%乳剂57毫升 |
| 除虫菊 | 菇蝇、菇蚊、蛆 | 见商品说明书 |
| 鱼藤精 | 菇蝇、跳虫等 | 0.1%溶液喷洒 |
| 食　盐 | 蜗牛、蛞蝓 | 5%溶液喷洒 |
| 三氯杀螨砜 | 螨类、小马陆、弹尾虫等 | 1∶800～1000倍溶液喷洒 |
| 杀螨砜特 | 同　上 | 同　上 |
| 鱼藤精＋中性肥皂 | 壳子虫、米象等 | 鱼藤精0.5千克、中性皂0.25千克加水100升喷洒 |

**续附表二**

| 名　称 | 防治对象 | 用法和用量 |
|---|---|---|
| 亚砷酸＋水杨酸＋氧化铁 | 白　蚁 | 80% 亚砷酸、15% 水杨酸加 5% 氧化铁施于蚁巢 |
| 煤焦油加防腐剂 | 白　蚁 | 配成 1∶1 混合剂涂于材料上 |
| 二氧化硫 | 一般害虫 | 视容器大小适量熏蒸 |
| 茶籽饼 | 蜗牛、蛞蝓等 | 1% 溶液喷洒 |
| 链霉素 | 革兰氏阴性菌 | 1∶50 溶液喷洒 |
| 金霉素 | 细菌性烂耳 | 1∶500～600 倍溶液喷洒 |

**附表三　国家禁止在食用菌生产中使用的农药目录**

| 类　别 | 名　称 |
|---|---|
| 有机氯类 | 六六六、滴滴涕、毒杀芬、艾氏剂、狄氏剂、硫丹 |
| 有机磷类 | 甲胺磷、甲基对硫磷、对硫磷、久效磷、磷胺、甲拌磷、甲基异柳磷、特丁硫磷、甲基硫环磷、治螟磷、内吸磷、涕灭威、灭线磷、硫环磷、蝇毒磷、地虫硫磷、氯唑磷、苯线磷、磷化钙、磷化镁、磷化锌、磷化铝、硫线磷、杀扑磷、水胺硫磷、氧化乐果、三唑磷 |
| 有机氮类 | 杀虫脒、敌枯双 |
| 氨基甲酸酯类 | 克百威、灭多威 |
| 除草剂类 | 除草醚、氯磺隆（2015 年 12 月 31 日起）、胺苯磺隆单剂（2015 年 12 月 31 日起）、胺苯磺隆复配制剂（2017 年 7 月 1 日起）、甲磺隆单剂（2015 年 12 月 31 日起）、甲磺隆复配制剂（2017 年 7 月 1 日起） |
| 其　他 | 二溴氯丙烷、二溴乙烷、溴甲烷、汞制剂、砷类、铅类、氟乙酰胺、甘氟、毒鼠强、氟乙酸钠、毒鼠硅、氟虫腈、毒死蜱、福美胂和福美甲胂（2015 年 12 月 31 日起） |

注：以上为截至 2014 年 6 月 15 日国家公告禁止在食用菌生产中使用的农药目录。之后国家新公告的在食用菌生产中禁止使用的农药目录，需从其规定。

### 附表四　中国登记的食用菌上的农药使用情况及残留标准

| 农药名称 | 防治对象或用途 | 药剂有效成分用量或浓度 | 施药方法 | 每季作物最多使用次数 | 安全间隔（天） | MRLs标准（毫克/千克） | 实施要点说明 |
|---|---|---|---|---|---|---|---|
| 百菌清＋福美双 | 疣孢霉菌木霉菌 | 0.09～0.18克/米² | 喷雾 | | | | |
| 多菌灵 | 褐腐病 | 2～2.5克/米² | 拌土 | | | 香菇0.5 | |
| 二氯异氰尿酸钠 | 平菇木腐病 | 每100千克干料用量40～48克 | 拌料 | | | | |
| | 菇房霉菌 | 3.96～5.28克/米² | 点燃 | | | | |
| 氟虫腈 | 菌蛆 | 每100米²用量15～2克 | 喷雾 | | | | |
| 甲氨基阿维菌素苯甲酸钠＋高效氟氯氰菊酯 | 菌蛆、螨 | 0.13～0.22克/100米² | 喷雾 | | | | |
| 咪鲜胺 | 白腐病、褐腐病 | 0.4～0.6克/米² | 拌土喷雾 | | | 2 | 拌于覆盖土或喷淋菇床 |
| 咪鲜胺＋氯化锰 | 褐腐病 | 0.4～0.6克/米² | 喷雾 | 2 | 8 | 咪鲜胺2 | 均匀喷雾在培养料上 |
| 噻菌灵 | 湿泡病 | 200～400毫克/千克 | 拌料 | 1 | 65 | 2 | 制包前将药均匀拌于木屑中 |
| 噻菌灵 | 湿泡病 | 0.50～0.75克/米² | 喷雾 | 3 | 55 | 2 | 菌丝生长期喷施于段木剖面上（施药间隔30天） |

注：MRLs（最大残留量）是指按照优良农业操作规范（GAP）使用农药后残留在食品上或内部的最大农药浓度。

附表五　日本登记的食用菌上的农药使用情况及残留标准

| 农药名称 | 防治对象或用途 | 稀释量或使用量 | 施药方法 | 使用次数 | 使用时间 | MRLs 标准（毫克/千克） |
|---|---|---|---|---|---|---|
| 50% 苯菌灵可湿性粉剂 | 木霉 | 稀释 1 000 倍（原木栽培） | 向段木喷洒 | ≥ 3 | 收获前 30 天 | |
| | | 培养基重量的 0.02%（香菇菌床栽培） | 拌料 | 1 | | |
| | | 0.008%（金针菇） | | | | |
| | | 0.01%～0.02%（滑菇） | | | | |
| | | 0.01%～0.02%（平菇） | | | | |
| | | 0.008%～0.020%（其他食用菌类） | | | | |
| 80% 杀螟硫磷乳剂（MEP） | 天牛类 | 稀释 350 倍（段木） | 喷洒 | ≥ 2 | 成虫生长初期或产卵期 | 花菇 0.05，其他 0.5 |
| | | 稀释 40 倍（段木用冠木） | | | | |
| 10% 苏云金杆菌的芽孢杆菌及生产的结晶毒素水剂（Bt） | 蛾类 | 1 000 倍（香菇） | 喷洒 | ≥ 3 | 害虫生长初期，截至香菇发菌前 14 天 | |
| | | 200 倍（香菇） | 涂抹在形成菌种的器皿内 | 1 | 菌种接种前 | |
| 23.5% 除虫脲水剂 | 蕈蚊类 | 375 倍，1.5 升/米² （蘑菇） | 喷洒在土壤表面 | 1 | 盖土时，截至收获前 21 天 | |
| 布氏白僵菌 | 双簇污天牛 | 段木中每 10 株 1 片（香菇） | 架在段木上 | | 产卵期或成虫生长初期 | |

附表六　其他国家食用菌子实体上的农药残留标准 （毫克/千克）

| 农　药 | 欧　盟 | | 日　本 | | | 美　国 | 加拿大 | 澳大利亚 |
| | 野　生 | 栽　培 | 蘑　菇 | 香　菇 | 其他食用菌 | | | |
|---|---|---|---|---|---|---|---|---|
| 阿维菌素 | 0.01 | 0.01 | 0.01 | 0.01 | 0.01 | | | |
| 百菌清 | 0.01 | 2 | 1 | 5 | 5 | 1 | 1 | |
| 吡虫啉 | | | 0.5 | 0.5 | 0.5 | | | |
| 除虫脲 | | | 0.1 | 0.05 | 0.05 | 0.2 | | 0.1 |
| 敌敌畏 | 0.1 | 0.1 | | | | 0.5 | | 0.5 |
| 多菌灵 | 0.1 | 1 | 3 | 3 | 3 | | 5 | 10 |
| 福美双 | 3 | 3 | | | | | | |
| 氟虫腈 | | | | | | | | 0.02 |
| 高效氟氯氰菊酯 | 0.5 | 0.02 | | | | | | |
| 克菌丹 | 0.1 | 0.1 | 5 | 5 | 5 | | | |
| 咪鲜胺 | 0.05 | 2 | | | | | | 3 |
| 灭蝇胺 | 0.05 | 5 | 5 | 5 | 5 | 1 | 8 | |
| 噻菌灵 | 0.05 | 10 | 60 | 2 | 2 | 40 | | 0.5 |
| 噻嗪酮 | | | 0.5 | 0.5 | 0.5 | | | |
| 杀螟硫磷 | 0.5 | 0.5 | | | | | | 0.5 |
| 炔螨特 | 0.01 | 0.01 | 0.1 | 0.1 | | | | |
| 杀螨酯 | 0.01 | 0.01 | 0.01 | 0.01 | 0.01 | | | |
| 四螨嗪 | 0.02 | 0.02 | 0.02 | 0.02 | 0.02 | | | |
| 氧化铜 | | | 1 | 1 | 1 | | | |
| 氧化乐果 | 0.2 | 0.2 | 1 | 1 | 1 | | | |
| 甲萘威 | | | 3 | 3 | 3 | | | |
| 烟碱、尼古丁 | | | 2 | | | 2 | 2 | |
| 乙酰甲胺磷 | 0.02 | 0.02 | 1 | 1 | 1 | | | |
| 异菌脲 | 0.02 | 0.02 | 5 | 5 | 5 | | | |

# 参考文献

［1］罗信昌，陈士瑜. 中国菇业大典［M］. 北京：清华大学出版社，2010.

［2］刘波. 中国药用真菌［M］. 太原：山西人民出版社，1984.

［3］杜顺刚，沈谢刚，闫新景，等. 豫西南袋栽香菇生产中存在问题及对策［J］. 中国食用菌，1999，1：37-38.

［4］丁毅，王新俭，杜顺刚. 香菇栽培模式与品种选配的关系［J］. 食药用菌，2012（20）6：356-357.

［5］谭伟，郑林用. 食用菌栽培技术一点通［M］. 成都：四川科学技术出版社，2009.

［6］蒋昌钟，刘叶高. 袋栽香菇增氧技术［J］. 食用菌，1999，3：28.

［7］黄年来. 中国香菇栽培学［M］. 上海：上海科学技术文献出版社，1994.

［8］隋华，贾兰英，刘克祥，等. 玉米香菇立体种植技术［J］. 中国农技推广，2002，5：31-32.

［9］张金霞，黄晨阳，农业部市场与经济信息司. 无公害食用菌安全生产手册［M］. 北京：中国农业出版社，2007.

［10］张金霞. 食用菌安全优质生产技术［M］. 北京：中国农业出版社，2003.

［11］张学敏，等. 食用菌病虫害防治［M］. 北京：金盾出版社，1994.

［12］杨小红，胡清秀，韩立荣. 重金属对香菇菌丝生长、产

量和质量的影响［J］. 中国食用菌，2010，29（6）：35-38.

［13］康文斌. 食用菌栽培料农药残留情况调查及对子实体安全生产的影响研究［D］. 福建农林大学硕士学位论文. 2011.

［14］常明昌. 食用菌栽培学［M］. 北京：中国农业出版社. 2003.

［15］张金霞，黄晨阳，胡小军. 中国食用菌品种［M］. 北京：中国农业出版社. 2012.

［16］娄隆后，朱慧真，周壁华. 食用菌生物学特性及栽培技术［M］. 北京：中国林业出版社. 1984.

［17］张寿橙. 花菇成因的探讨［J］. 食用菌，1984，1：26-27.

［18］张寿橙. 花菇及栽培技术［J］. 浙江食用菌，1994，3：15-17.

［19］杨红. 香菇套袋栽培技术［J］. 浙江食用菌，1997，3：6.

［20］周伟坚. 袋栽香菇刺孔增氧培菌新技术［J］. 今日科技，2000，6：4.

［21］吴学谦，吴克甸，陶祥生，等. 人造菇木刺孔增氧技术研究［J］. 浙江食用菌，1994，6：15-16.

［22］蒋昌钟，刘叶高. 袋栽香菇增氧技术［J］. 食用菌，1999，1：28.

［23］班新河，魏银初，王震，等. 香菇菌袋刺孔方式及刺孔数量比较试验［J］. 食用菌，2015，2：15-16.

［24］温鲁. 食用菌栽培基础［M］. 北京：北京农业科学编辑部. 1984.

［25］宋金娣，曲绍轩，马林. 食用菌病虫害识别与防治原色图谱［M］. 北京：中国农业出版社. 2013.